别在最能吃苦的年纪，选择了安逸

易修远 编著

辽海出版社

图书在版编目（CIP）数据

别在最能吃苦的年纪，选择了安逸 / 易修远编著 .
— 沈阳：辽海出版社，2017.10
ISBN 978-7-5451-4430-7

Ⅰ .①别… Ⅱ .①易… Ⅲ .①成功心理－通俗读物
Ⅳ .① B848.4-49

中国版本图书馆 CIP 数据核字（2017）第 249648 号

别在最能吃苦的年纪，选择了安逸

责任编辑：柳海松
责任校对：丁 雁
装帧设计：廖 海
开 本：630mm × 910mm
印 张：14
字 数：148 千字
出版时间：2018 年 5 月第 1 版
印刷时间：2019 年 8 月第 3 次印刷

出版者：辽海出版社
印刷者：北京一鑫印务有限责任公司

ISBN 978-7-5451-4430-7 定 价：68.00 元

序言

青年时期是一个人生命中的黄金时期。如果孩提时代过于不能自主,步入中老年早已安于天命,那么唯有青年时期的我们,精力最为旺盛,情感最为丰富,创造力最为新颖,选择最为广泛,前景最是无限。

十分遗憾的是,现实中的我们,面对这个节奏越来越快,信息四通八达,机会与灾患并存的地球村,大部分人变得越来越浮躁,越来越迷茫,直至颓废,不知所措,甘心情愿过一天算一天混日子。即使看到别人为了理想不顾一切地拼搏,也不过摇头叹一叹。

你说,折腾也是一天,不折腾也是一天,何必把自己弄得那么辛苦呢?

你说,社会是很现实的,早点认清现实,学会圆滑一点,按照规矩办事,少走一点弯路没有错。

你说,青春短暂,逝去不回,能犯错就尽量多犯错,能享受就不顾一切先享受,吃喝玩乐才精彩,有什么比寻求刺激更重要呢?你生怕将来想玩就没精力了,也生怕折腾老半天到头来一无所获。

像是很有道理，我们总有一天要回归到现实生活中去，老老实实上班，诚诚恳恳工作，全心全意扮演好为人父或为人母的职责。到时候想玩也没过去的兴致了，既然正值青春，就趁着年华灿烂玩个烂醉吧……然而，这世界上做任何事情都要有度。连享乐与安逸也一样。偶尔寻求点恰当的刺激可以放松心情，偶尔享受一下安逸可以恢复元气积聚能量。如果毫无节制，这一切就变成了一种放纵。放纵的不仅是你宝贵的时光，也是曾经意气风发的少年情怀。

不知道诸位有没有发现，现在的青年似乎要么玩得过了头，要么老成得过了头，离真正的健康状态越来越远，甚至于最后都忘记为什么出发，原来有过的梦想是什么。

网络上有句话曾经风行一时：现在的年轻人，一毕业就直接步入中年。

这是一种悲哀。追忆青春本是老年人干的事情，可是连我们，也越来越沉湎于对青春的追忆中了。我们在头发全黑、皮肤光滑、精力还十分旺盛的时候，就无休无止地热烈缅怀逝去的岁月，哀叹盛年不再重来，热情蓬勃地追求真爱或拼尽全力为梦想奋斗早成幼稚往事，此类影视剧网络文学作品歌曲无比畅销，热潮掀起一股又一股。其实，这也侧面反映了一个社会问题：我们年轻人，情愿活在满腹空想里，也不敢在现实中勇敢尝试一把。

你问问自己，这样过一生，你甘心情愿吗？

人的生命只有一次，奋斗也是过，不奋斗也是过，为何要让时光白白流淌最终后悔呢？俗话说“少壮不努力，老大徒伤悲”，古人对我们是仁慈的，在伤悲未来之时便给予告诫。告诉你不要被五光十色的繁华迷乱了心智，不要自甘堕落选择放弃，更不要不切实际满怀空想。

别在最能吃苦的年纪选择安逸，生命不会重来，要过就过自己内心最渴望的那种生活，想得到什么就立即去付出什么，痛快挥洒汗水吧，为了心中那张美丽的蓝图默默耕耘吧！短短几十年，与其后悔虚度年华，不如现在就开始明确目标与计划，脚踏实地地去努力实现它，因为只有奋斗才能让人屹立不倒，只有靠自己才能看到最彻底的光明。

本书作为一本给年轻朋友阅读的励志读本，意在告诉当下的年轻人——别在最能吃苦的年纪，选择了安逸。你今天吃的苦，都将成为未来巨额的人生财富。

路漫漫其修远兮，愿与诸君上下而求索！

目录

第一章　还记得年少时的梦吗

第二章　人活在世上究竟是为了什么

第三章　关于希望

第四章　机遇永远青睐有备而来者

第五章　安逸重要还是奋斗重要

第六章　为什么那么多人同运却不同命

第七章　给自己一个明确的大方向

第八章　孤独是座用之不竭的宝藏

第九章　抱怨社会，不如先做好自己

第十章　没有熬不完的黑夜，没有到不了的明天

第十一章　脚踏实地，才能赢得有底气

第十二章　不经历风雨，怎能见彩虹

第一章 还记得年少时的梦吗

小时候我们都写过这样的作文："长大后，我的理想是……"而一旦长大，又有几个人真的实现了最初的梦想呢？相反，我们听到最多的，往往是在若干年后，人们说"一不小心，自己真的成了自己当初最讨厌的那种人"。而对于最初的梦想，连提都不好意思再提出来了。

越来越沉默的中国人

意大利有句谚语：“沉默是金，说话是银。”意思是说话多了给人一种轻浮的印象，且易暴露无知与软肋，所以沉默是最合适的处世态度。大部分中国老人看到这句谚语估计都有“他乡遇故知”般的会心感。因为东方人，尤其是中国人，历来是将“沉默”的艺术发挥到极致的！

从老子在《道德经》中提出，“大方无隅，大器晚成。大音希声，大象无形。”告诫我们要尽量少说话起，一代又一代中国人，都在给后人普及沉默的艺术。

不信我们随手从历史长河淘出来几个故事。

战国时期，楚国的储君也就是楚庄王在登基后，当政三年以来，没有发布一项政令，在处理朝政方面没有任何作为，朝廷百官都为楚国的前途担忧。可是楚庄王不允许任何人劝谏，每天懒理政务，不是出宫打猎游玩，就是在后宫里和妃子们喝酒取乐，他通令全国：“有敢于劝谏的人，就处以死罪！”

有一个担任右司马官职的人，看到天下大国争霸的形势对楚国很不利，又着急又害怕触犯禁令，只好用猜谜语的办法，在游戏欢乐中暗示楚庄王。可是，楚庄王在朝堂之上还是一言不发，右司马非常着急，不知道楚庄王如此沉默下去是否会给楚国招来灭顶之灾，便灵机一动，给楚庄王出了个谜语，说：“奏王上，臣在南方时，见到过一种鸟，它落在南方的土岗上，三年不展翅、不飞翔，也不鸣叫，沉默无声，这只鸟叫什么名呢？”

楚庄王知道右司马的意思，答：“三年不展翅，是要使翅膀长大；沉默无声，是要观察、思考与准备。虽不飞，飞必冲天；虽不鸣，鸣必惊人！”果然，半个月以后，楚庄王上朝，亲自处理政务，废除十项不利于楚国发展的刑法，兴办了九项有利于楚国发展的事物，诛杀了五个贪赃枉法的大臣，起用了六位有才干的读书人当官参政，楚国内部治理得井井有条后，楚庄王发兵讨伐齐国、晋国，成为天下诸侯的霸主。

楚庄王“不鸣则已，一鸣惊人”的故事青史留痕入了书，成为后代长辈教育晚辈的法宝。这是关于“沉默”的经典故事。

这里再说一说“三国”里另一个人的故事。这个故事的主角是杨修。

杨修才思敏捷，智慧一流。有人评价他是曹操身边最聪明的人。他究竟聪明到了什么程度呢？

比如，曹操请人为自己建造了一座花园，花园建成以后，曹操取笔在门上写了一个“活”字。工匠们面面相觑，不知到底是何意思？杨修说：“‘门’内添‘活’字，乃‘阔’字也。丞相嫌门太宽了。”工匠们立刻重新建造围墙，将门改造妥当，曹操看过后，非常高兴。

又一次，曹操在一盒点心上写了“一合酥”，随手放到案头上。杨修进来，拿来勺子和大家分吃了。曹操回来问：“你们这是做什么？”杨修说：“丞相在盒上写着‘一人一口酥’，我们岂敢违背您的命令？”大家嬉笑起来，曹操也笑，但心里越来越不舒服。

曹操生性多疑，曾吩咐侍卫：“我做梦的时候会控制不住杀人，所以我睡着之后，你们都不要靠近我。”而杨修却说：“不是丞相在梦中，而是我们在梦中。”

公元219年，刘备亲率大军打汉中，曹操率40万大军迎战。曹刘两军在汉水一带对峙。这一天，夏侯惇入帐禀请夜间号令，厨师刚好端来一碗鸡汤，曹操见碗底有鸡肋，随口说：“鸡肋！鸡肋！”随后，杨修叫随行军士收拾行装，准备归程。夏侯惇与营中诸将也纷纷打点行李。曹操借此怒斥杨修造谣惑众，扰乱军心，把杨修斩了。

明眼人都知道，杨修死得不值，曹操本就有撤军之意，却借机将身边最能猜透他心思的人给除掉了。刘备与杨修，都是“三国”人物里的奇才，只因个人性格不同而遭遇了截然相反的命运。于是，上千年来，一代又一代的中国人都拿二人的个性与结局做比较。人们说，才华过人必招嫉恨，善于隐藏方能韬光隐晦。如果刘备在一开始就如杨修般口无遮拦，到处张扬他的光复汉室理想，他又能走多远呢？大概在“青梅煮酒”那一回就已经出不了曹操的亭子。

不过，话说回来，何谓“韬光养晦”？

“韬”指隐藏，按捺；“光”指锋芒锐气；“养”指培养；“晦”指农历每月的最后一天，每月月末之夜，月亮昏暗不明。韬光养晦，顾名思义，就是隐藏才能。

千真万确，在中国历史上，有无数“祸从口出，患从口入”的故事，也有无数“韬光养晦，明哲保身”的故事……人们说：

“逢人只说三分话，不可全掏一片心。”人们说：“木秀于林，风必摧之。”“舍得舍得，有舍才有得。”人们还说：“枪打出头鸟。”“忍一时风平浪静，退一步海阔天空。”

一代又一代中国人，信奉老祖宗的生存哲学，不管天赋如何，都选择了沉默——在沉默中抵抗，抵抗不了的时候也不敢说出来。在生活压力下，人们给自己找了许多懦弱的理由，越来越心甘情愿在沉默中顺从，顺从到迷茫，到再也不敢说出自己内心真实的声音、不敢走自己想走的路、不敢过自己想过的生活……直至有一天，他们自嘲终于成为昔日最最讨厌的那种人。

他们偶尔被网络上这样的话触动：

“梦想是一个说出来就矫情的东西，它是生在暗地里的一颗种子，只有破土而出，拔节而长，终有一日开出花来，才能正大光明地让所有人都知道。在此之前，除了坚持，别无选择。”

他们手点键盘，再加一句评论：“梦想就像内裤，不可缺少，然而只能偷偷穿在里面，露出来就会恶心到人。”

这刻薄的比喻有一定的道理，有什么想法成天挂在嘴边吹嘘确实令人厌烦。然而，如果梦想是高尚的，真的合适比作“内裤”这样不登大雅之堂的物件吗？如果一个人的梦想说出来就会恶心到人，那这人有没有想过周围到底聚集了些什么样的朋友？那些朋友值不值得深交？

刘皇叔或杨修，想在乱世成就一番霸业——说出来最多只能“恶心”到曹操这般“盖世英雄”——竞争对手互相妒忌嘛。而更多人，想换套大点儿的房子，想考公务员，想娶一个美女做老婆，想周游世界……想过得更好的愿望都是不会对别人构成人身威胁的，为什么说出来就一定会恶心到人，而不是激励到人呢？如果身边人真的值得交往、可信任，那么大多也是该对自己的梦想抱以各种方式的支持吧。那些踩你小辫子，你一“美好”他就要恶心的人只有两个可能：一是你的“梦想”本身就见光死的，二是你身边的人不值得交往。

当今，几乎所有中国人都做到的只是“不说”。在不说里闭着眼睛过日子，继续复杂而平庸的人际关系，单调乏味的工作状态……日复一日，在网络上激扬文字指点江山，在现实里睁一只眼闭一只眼最怕麻烦上身。一句“世界那么大，我想去看看”能激起全民的共鸣与追捧，可一句“钱包那么小，哪也去不了”的调侃，就将梦想拦截在路上，无数人继续牢牢地被拴在原处，且心甘情愿。

这样沉默地过着一成不变的日子，到死也不再改变的无数人里——或许就有你。

梦想也是要说出来的

司马迁《史记·项羽本纪》里讲了项羽少年时代的一段趣事：

项羽小时候，项梁教他读书，但他学了没多久就不学了；项梁教他学剑，他也没什么兴趣。项梁特别生气，责备他这样下去将一事无成！项羽说：“读书识字只能记住些人名，学剑只能和一个人打，要学就学万人敌。”项梁听了，觉得这孩子野心颇大，就教他学习兵法。项羽非常高兴，但是也只学个大概，不肯花时间和心思深入研究。

秦始皇灭了燕、赵、韩、魏、齐、楚六国后，建立了统一强大的秦王朝。他为了宣扬自己的霸业与威德，进一步加强国家的统治，常常带着浩浩荡荡的队伍在全国各地出巡。

有一次，当秦始皇的仪仗与船车威风凛凛地经过南江时，年少的项羽不屑地说了一句："彼可取而代之也！"意思是有什么了不起的，我能比他做得更好！

项梁闻之大惊，急忙伸手捂住他的嘴。其实，项梁自己也早在心中盘算着如何推翻苛政秦朝，但碍于人多嘴杂，从不跟人透露罢了。从此，他暗中帮助侄儿。公元前209年暴发了农民起义，叔侄俩在这次农民起义中击破了章邯、王离领导的秦军主力。秦亡后项羽称西楚霸王，实行分封制，封灭秦功臣及六国贵族为王。

后来，项羽成为中国历史上最强的武将之一。

嬴政灭六国后，威势可谓空前，他巡游全国，目的本在统一民心，没想到却激起项羽的斗志。对于不读书、不学剑术，连兵书也疏于钻研的侄儿，项梁没有嘲笑他"不自量力"，相反，明里训斥，暗里相助，在项羽的梦想道路上扮演了保驾护航的角色。

我们更多的平凡人，是需要说出自己的梦想的。尤其是当说出那个梦想，能够让更多人来学习、模仿、追随和呼应时，才会更有价值与力量。刘备不说出自己的梦想，是因为他对面坐的人是自己的竞争对手，而此时自身力量还太小，一旦说出来，就可能让"未来"腹死胎中。项羽年少轻狂，初生牛犊不怕虎，不懂明哲保身，所幸站在他旁边的人是自己的亲叔叔。

今天，我们所有人都奉行刘备的沉默之道，难道每个人对面都坐了一个随时要将自己杀掉的仇敌，每个人都在按兵不动地等待时机吗？

大多数人，拥有的无非是一些不妨碍他人的个人愿望，却也学着“韬光养晦”。而那些美好的心思，一旦深埋心底，也许来不及见光就被无情的岁月抛弃了。

梦想，也是需要大声说出来的。

大丈夫欲成霸业，何必遮遮掩掩、小心翼翼，生怕自己的志向招人耻笑？少年周恩来，挺身而立，大声回答“为中华之崛起而读书”！毛泽东口出豪言，“春来我不先开口，哪个虫儿敢作声”！在他的领导下，中国告别黑暗的封建地主统治的旧社会，步入开天辟地的新时期。古往今来，无数风流人物，从“时无英雄，使竖子成名”的阮籍，到“我劝天公重抖擞，不拘一格降人才”的龚自珍……更多为狂傲狷介之人。他们，因为敢于发出自己的声音，一呼百应，得到支持与鼓励，从而使梦想照进现实。

在特定环境下，韬光养晦是必需的智慧，但是绝大多数中国人却曲解了它的含义，一味地沉默，隐忍，退缩，一问摇头三不知……甚至将这种生存哲学深深烙进民族之精神中。

在举世震惊的“南京大屠杀”中，日本人对南京城区和郊区的中国平民进行了长达六个星期的大规模屠杀、强奸与烧掠，一共有 30 万中国平民与战俘死于日本人的屠刀下。据一位幸存者回忆说：“有一次屠杀中，五个日本军人赶着上千个中国人去河边给他们的刺刀当‘靶子’，结果，除了我逃出来，其他人都死了，这上千个中国人里有不少都是年轻力壮的男人。”

是五个日本人与上千个中国人啊！即使日本人手中有枪有刀，然而上千个中国人一拥而上，完全可以消灭区区几个日本兵……遗憾的是，没有一个人敢动，谁也不愿意做第一个冲上去的“出头鸟”。他们牢记祖宗遗训，都在默默等待时机，却在“明哲保身”的自我催眠下，集体成为被宰的羔羊。

多么可悲！

如果当时有一个中国人，如陈胜、吴广起义一般，号召起来，说不定就能救下上千条人命。你可能摇头叹息，可惜没有如果……而现在呢？新时代的我们，比他们又好到了哪儿去呢？

中国人懂得隐藏，害怕打压。家长们都是这样教育孩子的：老老实实地，不要出风头，那些天马行空的想法什么用也没有；在家里听父母话，在学校听老师话，就是好样的。

这些好孩子们，循规蹈矩地长大了，却再也不敢轻易发声，只是沉迷于看各种“梦想秀”节目，看得热泪盈眶越看越上瘾，越看越感到自己的平庸与无能。

“中国梦想秀”“中国好声音”“中国好歌曲”等，这些打着“梦想”招牌的选秀节目在这几年如雨后春笋般层出不穷，不少演艺人才，通过选秀渠道，实现了他们的愿望。且不评价这样的选秀节目过多是否有浮躁之嫌，也不管上节目的人是不是作秀，只问，如果他们不敢走上这些舞台，不敢把梦想说出来，他们的梦想有可能实现吗？也许有的能，只是要付出更大的努力、经历更多的艰辛，也或者心有余而力不足，梦想真的成为了回忆里的一个梦而已。

大声说出梦想，同时获得力量追随与支持，也许才是当下这个时代最明智的态度与做法。

曾有一档大型女性歌唱真人秀节目，一群不甘平庸的妈妈们在节目中放声歌唱，她们通过歌声诉说自己的心里话，也通过这个舞台表达自己对未来的渴望，她们发誓要实现“绝望主妇”们的华丽逆袭。她们的真诚与故事打动了在场的所有人，包括评委在内人人都起立鼓掌……鼓掌的人越多，代表支持她们的人越多，多才多艺的妈妈们就靠这样的方式展现了才华、实现了梦想。

举这类例子并非说梦想必须通过电视节目秀出来才算成功，而是提醒大家，沉默不一定是金子。大声说出梦想，在公众舞台展示自己，迅速地得到几千人、几万人，甚至上亿人的认可和配合，这难道是“韬光养晦”能办成的事儿吗？

敢露面，别人才能认识你；敢露才，别人才能认可你。

在这个快节奏的时代，沉默——意味着被忽略。

人应当有一种坚持的精神

他于1819年5月31日出生于长岛，当过信差，学过排字，在乡村教过书。他喜欢独自思考，在大自然中到处游荡，结交各行各业的朋友，毕生最大的渴望是成为一名出色的诗人。

他的第一本诗集印了1000册，却一本也卖不出去。他只好将它们全部免费送人，包括送给一些当时在诗坛上有一定名望的诗人。美国著名诗人朗费罗、洛威尔和霍姆斯等人对这本小册子看都懒得看一眼。惠蒂埃甚至将它随手扔进了火炉。

有人奚落他，诗歌如此高贵，有身份、地位的人才能写，你一个木匠的儿子，也配写诗吗？

满腔热情，招来的却是嘲笑与辱骂，他非常痛苦，想罢手又无法违背内心真实的想法。这条路真的走不通吗？他真的不配写诗，所以最好以后永远不要碰诗歌吗？后来，他收到了一封信，那是一个诗人寄来的，信里说："我认为它是美国至今所能贡献的最了不起的聪明才智的精华。"

濒临绝望的年轻人又看到了光明，他坚定了写下去的信念，哪怕这个世界上只有一个读者！

多年后，他成为了全世界公认的伟大诗人，而他那本诗集也成为了美国甚至人类诗歌史上的经典名作。

他就是华尔特·惠特曼，那部诗集的名字叫《草叶集》。而当年那位写信对他予以赞美和鼓励的诗人，是英国著名诗人——爱默生。

类似惠特曼这样在逆境里坚持的励志故事有许多。生来具备某些天赋的人尚在努力坚持，何况绝大多数的平凡人呢？

我们，不管天赋奇特者还是才能平庸者，不管出身大富还是一贫如洗，都应当抱着破釜沉舟的信念去做最想做的事情。这些梦想成真的事例告诉我们，要实现理想，比坚持更重要的还是坚持。爱迪生有这样一句很有名的话："哪有什么天才？所谓天才，不过是百分之一的天分再加上百分之九十九的汗水。"行百里者半九十，大部分人，都是在完成百分之九十九时，因为过于孤独、过于辛苦，或因前途未卜，而选择了放弃。甚至，有的人本身已经做得很好了，仅仅因为身边个别人的不认可，便严重影响心情，开始质疑自己的一切，最后选择了放弃。

多么可惜！

有人说，一个橘子，哪怕长得再完美、味道再甜，也不可能每个人都喜欢。因为总有人天生就不喜欢吃橘子。

我们活在这个世界上，很多时候确实会跟那个橘子一样，会为冷落与非议难过，但是我们不能因为那些不喜欢吃橘子的人，便放弃自己向着阳光努力生长成最好的那一个橘子的希望。即使真的走到人生低谷，看不到希望了，也不能放弃——因为世界上还有那么一些人赞成你、鼓励你，就如爱默生对惠特曼。

爱默生为惠特曼带来了慰藉，带来了温暖，带来了希望，让惠特曼一路坚持下去，可谓是惠特曼生命中的贵人。

那么，如果惠特曼没有受到爱默生的认可呢？

惠特曼是不是就该选择放弃？

其实，越是这个时候，越是应该拿出坚定的态度。坚持不是给别人看，而是完成自己的使命。“幽兰生于深谷，不以无人而不芳。”一个人，在不够出色的时候会被人忽略、嘲笑，在优秀的时候也难免会被人打压与妒忌。如果永远将心中的希望寄托于他人，就很难在这个世界上坦然地走下去。

当你心中有渴望，当你努力付出却没有得到预期的回报，当有人嘲笑或者冷落你的梦想时，你更应该拿出自己的态度，有所坚持。这个世界上的每个人都有自己或大或小的梦想，也有自己的品位和个性，每个人都是一个丰富的个体。如果我们一味地因为不被接受而痛苦，认为自己做的都是错的才会招来否定；如果我们一味地沉湎在沮丧的坏情绪里，并一蹶不振；如果我们面对激烈的生存竞争，只能随波逐流，在大流里找到一点儿安全感，一点儿轻松感——总有一天，当我们抬起头的时候会猛然发现：自己早就变成了曾经最不屑的那种人。

为什么非要迎合别人呢?

世界就是这么现实,成王败寇,如果你内心的理想是光明的，就完全不用在意这个世界的眼光。他人对你的打击，应当成为你继续前进的动力。

将一切都变成前进的筹码吧！无法做一个人人都喜欢的橘子，但不耽误你努力成为橘子中最好的那一个。

珍珠蚌需要日复一日的坚持，才能将沙粒变成光彩炫目的珍珠；骄傲的雄鹰要经过无数次的尝试，才能在空中飞翔起来……惠特曼坚持着他的文学理想，哥白尼坚持着他的科学真理，爱迪生坚持着他的科学实验，杜甫坚持着他的诗歌创造，神农坚持着他的医学尝试……当代企业家,面对事业的不顺利，一样咬牙坚持，直到迎来春光回返、梦想成真的那一天。

人人都有梦想，但能实现的只是极少数。中间最大的区别就在于，是否能为了心中所想而一直坚持，无怨无悔；是否有一种执着的精神，不管遇到多大的挫折，都能为了达到目标而克服重重困难。

你和身边每一个人一样，心里描画着自己的蓝图；你也和身边很多人一样，发现当下节奏这么快、压力这么大，坚持实在是太难太难了……同样的情况，有人选择了待在原地，有的人却选择了跨越障碍。

待在原地不动的人，就这样渐渐被时光淘汰而成了最难有长进的那个群体中的一员。

选择跨越障碍的人，再难再险也会坚持，也会咬牙挺过。

他们想，已经到很差的境况了，再差又能差到哪儿去呢？

人就这样分成了两拨儿：梦想成真者和有梦永远只能想象者。

他们中间一直以来只差两个字——坚持。

第二章 人活在世上究竟是为了什么

人人都思考过这个问题：活着究竟是为了什么？

有人思考着没有答案就再也懒得想了，顶多叹叹气：“嗐，终究逃不过一个死字。”也有人为这个问题把自己逼入死胡同，痛苦得彻夜难眠……人活着都有迷茫难熬的时候，尤其是对明天有所追求的人面临的状况往往更复杂。有人想通了，心中澄明，该干吗干吗，继续开开心心地过；也有没想通的，最后放弃了生命……

那么，我们每个人都再想一想，生而为人，来到这个世界上，究竟是为了什么呢？

幸福到底是什么

丹麦的卡罗琳·玛蒂尔德女王身陷狱中时，在她的窗户上写："哦！保持我的纯洁吧！让其他人幸福吧！"

这位高贵的女王，就如救世主耶稣，即使自己受苦受难，还不忘子民的幸福。

幸福到底是什么呢？

我们一起来看看这么个故事。

从前，有一位巫师，他说："幸福是一只青色的鸟，有着世界上最美妙清脆的歌喉，找到了之后得马上把它关进黄金做成的笼子里，这样，你就可以得到你想要的幸福。"

小王子听了后，带着一个黄金笼子出发了。他一路寻找青色的小鸟，也抓到了不少，可是当他将其放到金色鸟笼里时，鸟很快就去世了。小王子想，看来，这些青鸟都不是我要寻找的幸福。

小王子找啊找啊，直到沧桑的皱纹爬上面庞，金黄色的鸟笼越来越陈旧，小王子疲惫极了。他想起遥远的国度有自己的双亲，便起程回到了自己的王国。谁知道，国王与王后在王子离开后，思念成疾，很早就双双离开人世了。

小王子独自一人落寞地走在街头，突然一个人拉住他的衣角。小王子回头一看，是个发鬓斑白的老人。

"您不是那位巫师吗！"小王子欣喜地认出他来。

老巫师难过地哭着说：“孩子啊，我对不起你，对不起国王和王后啊！当初真不应该鼓励你去找寻青鸟。”说罢从口袋里掏出了一件物品，“这是国王及王后临终前要我交给你的东西，希望你好好珍藏。”

小王子仔细瞧瞧，这不是自己小时候，国王特地为他雕刻的一只黄莺吗？小王子将木鸟紧紧抱在胸前，眼泪流出来。这时木鸟在怀里动了动，还发出动听的声音。小王子呆住了，一不小心，黄莺从怀里挣脱，飞走了。

那才是小王子心目中最宝贵最幸福的青鸟啊！他都来不及将它放进黄金笼子里。

小王子就这样看着黄莺从视线里消失，一边想起往日的幸福时光，一边后悔莫及……

这是一个哀伤的故事。苦苦追求幸福的小王子，到头来却错过了真正的幸福。幸福——那是一只多么虚幻的青鸟啊，历尽千辛万苦，谁知道它在哪儿呢？小王子的幸福到底是什么，是不是与国王和王后一起安心生活，而不是做刻意的黄金鸟笼，只为虚幻的追寻呢？

或许，幸福真的只是安心生活。

很久以前的巴格达住着一个富翁，他的邻居却是一贫如洗的鞋匠。鞋匠家里，妻儿父母，老老少少，都要由他来赡养。为了生活，穷鞋匠整日辛辛苦苦，忙碌不停，好不容易用汗水挣来一些钱，仅够全家勉强糊口。虽然每日粗茶淡饭，但每当晚饭后，鞋匠一家人就围坐在一起，不断地赞颂着真主的恩慈，愉快地歌唱欢乐。

富翁，日日夜夜忙于算账点钱，总是挖空心思，考虑如何赚更多的钱，发更大的财，哪儿有什么时间去唱歌呀。

每当歌声响起来时，富翁就心烦意乱……

有一天早晨，富翁背了足足一袋钱，来到鞋匠家门前。鞋匠与富翁互相问好。富翁说："亲爱的邻居，我想在你家里存放一百个第纳尔，请你代我保管一下。当然，我会付给你们保管费。"

鞋匠一家十分感谢这样的信任，郑重接过钱袋，小心翼翼保管起来。

鞋匠一家每天晚上都要小心翼翼地清点钱币，生怕少了几个辜负了富翁的信任。从此再也没有时间和心情唱歌欢笑了。

这压抑的日子持续了一段时间。穷鞋匠突然感到失去了什么似的难过，他意识到这一切都是钱袋带来的，就背起钱袋来到富翁家，说：

"为了将我们的幸福与快乐讨要回来，我们一家决定将您的钱袋早日还给您。过去我们日子虽然苦，可是过得心安，无忧无虑。从今以后，您还是自己保管自己的钱袋吧，保管费我们也不要了。"

穷鞋匠家里又传来了幸福的欢声笑语。

幸福到底是什么？

幸福就是安心生活，吃得香睡得着有人爱有期待。

对于穷鞋匠一家，他们靠自己劳动所得吃饭，得一分是一分，因此吃得香睡得着。他们家人彼此关心，相亲相爱，即使物质贫穷，对于生活还有许多美好的幻想。

穷人在挨饿的时候羡慕邻居富人，富人在愁眉苦脸的时候羡慕邻居穷人。人们总在仰望和羡慕别人的幸福，却没有发现自己其实也正被别人仰望和羡慕着。幸福这座山，原本就没有顶、没有极限范围。我们却总是站在旁边羡慕他人幸福，忽略幸福一直都在身边。

主持人周立波说："幸福是看出来的，痛苦是悟出来的。我们总喜欢把别人表面的幸福和我们隐藏的痛苦做比较，结果我们的痛苦指数，在不当的对比中又创新高。我们羡慕鸟儿的翅膀能飞，鸟儿又何尝不嫉妒我们的双腿如飞呢？与其用别人的幸福惩罚自己，还不如用自己的痛苦鞭策自己。人啊！越比越糊涂，越想越明白。"说的便是同一个道理。

也有人认为幸福是一个谜，不同的人来回答，就会有不同的答案。但是大多数人，大概都体验过这样的时刻：

早上醒来，一抹阳光恰好落到枕边。

华灯初上的傍晚，街上不知哪家店里正好响起一首久违的老歌。

街道转弯处，遇见某个相熟的人，笑着打个招呼，然后再见。

晚饭后盘腿坐在床上看电视，夜深人静的时候独自在灯下看一本好书，偶然间读到的一句话语触动了内心，抬起头风儿正轻月亮正圆。

哭得一塌糊涂，有人拍拍自己的肩膀坐在对面安慰你。

走过一条全是法国梧桐树的街道，心情亮丽得哼起歌儿来。

寒冷的冬天街上传来烤红薯的香气。

闲闲淡淡地在某个场所捧起一本书读。比如说您手中的这本……

是呵，幸福其实就是一种感受。

有人认为物质越充足越幸福，有人认为物质资源与幸福没有直接联系。还有人说，是物质与精神的比较让人不幸福，是人与人直接的比较让人不幸福。可是，幸福到底是物质还是精神，我们是没有必要划分得势不两立的，所有的比较和欲望，无论精神还是物质，都源自人类基本的渴望。人总是想要得到更多，获得更多安全感，让更多的人尊重自己。精神可以带来幸福，物质也可以。最终起决定作用的，还是内心那一份安宁。

如果一个人热衷追求物质，并且获得了许多物质资源，内心十分安宁，那是一种幸福。如果一个人重视精神，并且保持精神高贵，内心坦坦荡荡，这也是一种幸福。就如穷鞋匠保管了富翁的钱不再快乐，因为他失去了安宁，那些钱不是他们的，日夜为之紧张，幸福的青鸟自然就悄悄飞出了窗外。

幸福到底是什么？

从来没有确切的答案。

但是幸福的元素里，一定有一种叫“心安”的东西。

笑对生活能带来神奇的力量

网络上的女孩子们疯传一句话，那句话你一定熟悉，她们说那句话是古龙说的——爱笑的女孩子运气不会太差。

其实，原话是这样的：“笑得甜的女人，将来运气都不会太坏。”

一个女人，也许她相貌平常，但是望着你甜甜地笑着，笑得你心也化了，就算再平常的容貌，也如花朵般在阳光下有模有样地绽放。谁又能说那个女人不是美女呢？

在《中国梦想秀》里，有个西安女孩名叫李娜，被网友们称为“西安最美女孩”。当她走上舞台甜甜地笑着的时候，没人想到她身患癌症，没人想到她已经失去了一条腿，并且时日无多。那样阳光的女孩，梦想不过是为还留在世上的父亲找到一份工作，希望父亲能够过好。她拿着麦克风撇了撇脚尖儿可爱地说：“我感觉挺灵活的，有时候我还能学唐老鸭走路呢！”评委与主持人问她为什么能那么乐观，她说：“笑也是过一天，不笑也是过一天，为什么我一天要哭丧着个脸呢！”全场掌声雷动！

女孩儿与病魔经过一番顽强斗争，最后还是去世了，可她美好的笑容留在了亿万观众的脑海，她乐观顽强的精神尤其感染了无数身处逆境中的人。相比李娜，或相比世界上许许多多更不幸的人，我们算是非常幸运的了。为什么我们又总是为些小小的挫折闷闷不乐，成天顶着头上的乌云过日子而忽略乌云背后的阳光呢？

不笑，是一种浪费。西方谚语说：如果一个人在哪天一直没有笑容，就等于浪费了那一天。

笑不仅能让周围人活得轻松开心，也能让自己身体健康，青春常驻。笑，甚至能够治病。

传说，神医华佗曾经路过一个小村庄，看见一对姐妹眼睛红肿得如桃子似的，不禁问道：“我是医生华佗，你们的眼睛是怎么回事？”姐妹俩哭着说：“父母双亡，我们日夜伤心哭泣，才让眼睛红肿得越来越厉害，现在消都消不下去了。”华佗说：“我给你们二位开个方子，你们只要每日在足心抓 49 下，半个月后，这个眼病就好了。但是你们一定要当心，因为只能抓49下，抓多了不行，抓少了也不行！”妹妹听了，一有空就抓足心，她一抓就忍不住发笑。半个月时间过去了，妹妹的眼病果然好了。姐姐不相信华佗的话，懒得照做，眼睛依旧红红肿肿的。

你若以为这个故事只是传说就错了，在《医术名流列传》中，却有不少实例是以笑来治病的。

在明朝，江苏有一对张姓夫妻，平日以务农为生。张妻是个气量比较小且容易动怒痛苦的人。有一天，邻居家里的几头猪将张家地里的红薯全拱了出来，张妻见此状气从中来，边骂边打猪，最后把猪赶跑了，但她因为闷气消不下去，竟然病倒在床，足足半个月之久还不见好！张家丈夫非常着急，听说有个名医徐迪，医到病除，立刻将他请了过来。徐大夫听了病因又把过脉之后，让张家丈夫立即到店里买一套彩色的大号妇女穿的衣服，再买两朵大花。张家丈夫不懂，问医生：“我妻子身材矮小，大号衣服她穿不了，买了做什么呢？”徐大夫只是叫他照做，张家丈夫只好买回来交给徐大夫。徐大夫接来衣服穿上，他一个大男人，穿着女人衣服，头上还戴了两朵大花，一摇一摆地走到病人床前，一边唱歌一边跳舞，张家妻子看了，哈哈大笑起来，笑着笑着，不知不觉中她的身子坐直了，慢慢地竟能下床了！

清朝有一位巡抚大人，得了很严重的抑郁症，到处求医，寻了多少名医偏方，就是没有效果。巡抚大人十分痛苦。有一次，他听说扬州有位名医赵海仙能治百病，专程赶去，求赵老先生医治自己的抑郁症。赵老先生把了许久的脉，才慢吞吞地说：“依老朽之见，大人之疾乃月经不调也！”巡抚大人听了后，不禁哈哈大笑，连说：“庸医！庸医！”遂拂袖而去。此后，每逢与人谈及此事，巡抚大人都会哈哈大笑。但是没想到，就在这一次次的开怀大笑中，不到半年时间，他的病竟然不药而愈了。后来，这位巡抚大人醒悟过来，赵海仙正是要以笑治他的抑郁症啊。他拍案叫绝，竖着大拇指赞不绝口，之后又到扬州去拜谢这位老中医。老中医笑着说：“大人这种病是心病，治这种病光靠药物是不行的。我想了半天，才想出这个方法，说你患的是月经不调病，让你以后经常发笑，乐而忘忧，时间长了，病自然就好了！”

笑能治病的例子在中华医学典籍里不胜枚举。在西方，科学家们对笑能治病这个偏方也有一定的研究。

马里兰大学医学院的迈克尔·米勒博士表明：笑给心血管带来的好处就和经常锻炼给心血管带来的好处一样。因为笑能让血液更加流通，能促使人体发生变化，改善免疫系统和内分泌系统的功能。因此，米勒博士的长寿处方是，找到让自己快乐的事，笑出声来，并把这快乐传递给别人。

确实，痛苦能让人体验更丰富深刻的人生滋味，但是并不代表我们不能笑，不能追求快乐与幸福。相反，笑一笑十年少，笑能让人身心舒畅，笑是治病的偏方。人应该多笑，尤其是在痛苦来临时，应该笑得更加恬淡和坚强。

笑是人类与生俱来的表情。当一个低级动物会咧开嘴巴笑时，也会激起人类内心的柔情与好感。人从婴儿时期开始，就会咧开嘴巴朝人呵呵地笑，让人喜不自禁。四个月大的婴儿，还不能开口说话时，喉咙里就已经能发出“咯咯咯”的笑声了，他们好像在告诉大人，自己很开心很舒适，来到这个世界真好。

人们常说：“伸手不打笑脸人。”因此，笑对成年人来说又成为一种社交工具。当人自己待着的时候，很少突然哈哈大笑或者说起话来，顶多是在想起某个有趣的事儿或者在看书看电影时才会笑笑，但只是喉咙的颤动，哈哈大笑只在跟他人交往的社交场合才会发生。当人们面对面地打交道时，笑容如同阳光，能清除对方内心的阴霾，能给对方带来愉悦的感受。如此看来，网络上疯传的“爱笑的女孩子运气不会太差”——确实是有道理的。

何止爱笑的女孩子看上去会格外漂亮些，不管男女老少，都能在不知不觉中，让笑容给生活带来神奇的力量。

即使身处逆境，即使正在遭受痛苦，即使生活给了你一千个哭泣的理由，也要为了“不笑，是一种浪费”这一个理由露出一张最美的笑脸。

总有一天你会发现，发自内心的笑，能带来温暖与力量，能让弯路越走越直。

做好身边最有把握之事

有个名叫巧容的男孩子，他的父亲是位有名的机械组合技师，在巧容年龄还很小的时候就去世了。巧容一心继承父业，长大后远走他乡，到处拜师学习技艺，之后就随着老师定居他乡。

等到结婚的年龄，巧容去另一个城市寻找机缘。他看中了一个长者的女儿，长者说：“我看了下日历，三天后是结婚的大吉日，你先回去向你的母亲和师长报告完此事再来找我，如果你能如期前来，我便将我的女儿嫁给你。但是如果你逾期才来，年轻人，就请你不要怪我悔婚了。”

巧容马上收拾行李回家。但等他回到家跟母亲和老师都报告好后，已经过了两天了，哪里还赶得上婚礼？他沮丧地对老师说："城中那位愿意将女儿嫁给我的长者说了，明天是良辰吉日，要我明天就去迎娶，如果明天没有准时去的话，就不会再将女儿嫁给我了。”老师说："你放心好了，为师明天就发动那架会飞的机器木象，带着你一起去迎娶新娘，定能赶上良辰吉日，准时迎娶你的心上人。”果然，第二天，老师带着巧容乘着机器木象稳稳地飞到空中，将地上的人看得目瞪口呆，佩服不已，第三天，参加婚礼的人如期赶到，巧容把聘礼送给了长者，带上了自己的妻子，回到了家中。

这件事情过去之后，巧容对于那架神奇的飞象感到十分好奇，可老师从来都不让巧容碰。

有一天，老师要出门办事，出去之前特别交代巧容的母亲："这架机器飞象，您一定要帮我藏起来，巧容惦记它很久了，可他现在的技艺还不能自如地操作，如果火候不到就轻易驾驶，是会遭受厄难的。为了巧容的安全，您千万要制止他！”

果然，老师前脚刚走，巧容就到处找那架机器木象，他对母亲说："我只是想乘着那头木象去兜兜风，很快就回来了。而且我乘着那架木象腾空而飞，您想想多么威风啊！”

“不行！老师再三交代，火候不到你就不能操作那架会飞的木象，不然会出事的，你不要让母亲为难。老师对你这么好，回头回来了看见你这么不听话会很不高兴的。”

“母亲，我早就知道了该如何操作那架木象。我看老师是小气，才不让我去碰它！您就让我乘象出去一下嘛，我保证快去快回，不会出现任何不幸的事情的。”经不住巧容苦苦哀求，母亲的心一软，就将木象交出来了。巧容高兴地乘象飞空而去，人们在下面看见了，纷纷赞叹不已。巧容的老师也看到了，心一沉，叹气说：“哎！这孩子不会再回来了！”

果然不出老师所料，当木象到达大海上面时，天色突变，下起暴雨，木象的绳子断了，巧容掉到了大海中，一命呜呼。

这个故事告诉我们，当能力不够时，就不要好高骛远。人可以有远大的志向，但是一定要等到火候到了才能做一些与能力相匹配的事情。就如巧容，他技艺未精，却贸然驾木象出行，面对疾风暴雨，有了丧身之祸。虽然这只是一个寓言故事，但其实在生活当中，又何尝不是如此呢？

诺基亚有一段广告词尤为精彩：

如果多一次选择，你想变成谁？

不，这不是选择，而是对自己的怀疑。

我能经得住多大诋毁，就能担得起多少赞美。

如果忍耐算是坚强，我选择抵抗。

如果妥协算是努力，我选择争取。

如果未来才会精彩，我也绝不放弃现在。

你也许认为我疯狂，就像我认为你太过平常。

我的真实，会为我证明自己。

没有付出过辛酸血汗的人，没有与冰冷的现实作生死搏斗的人，或许不能懂得这段话的深刻内涵。现实中，一个地位显赫的人，如果是阅尽世事、经历了许多人生坎坷，他的地位与声名显然会更让人肃然起敬，也更有说服力。网络上，经常会有人披露、攻击某某大官年纪轻轻、毫无政绩就爬到了一个高位；某某富二代骄奢淫逸，仗着有钱无法无天以势压人；某某家境普通、能力一般的年轻漂亮的女孩子疯狂拜金，炫耀着刺眼的巨额财富……这些都会招人反感，因为他们的能力还匹配不上他们的所得。官员的升迁，如果是以政绩作为标准，我们就不会加以抨击了；富二代的奢侈生活，如果是靠自己的艰辛奋斗所得，虽然这样的价值观我们本身不认可，但如果他是在挥霍自己的钱，我们就会多理解一点；而郭美美这类的女孩子，如果她的炫耀是基于自己踏踏实实的劳动所得，大家也无闲话可说……在我们的生活中，有许许多多如巧容那样的人，急于享受一飞冲天让众人赞叹膜拜的感觉，而忽略了自己的能力还未到与之相匹配的程度。

其实，作为一个人，对很多美好的东西心存幻想、渴望得到，也是情理之中的事情。但是，在通往理想的过程中，在平常的日子里，我们更加需要的是做好身边有把握之事，哪怕那是一件小事。直到这些小事渐渐堆积，让能力成长得足够与你的所愿所得相匹配，到时候谁也无话可说。

大哲学家苏格拉底有一天给学生上课，他说：“同学们，我们今天不讲哲学，只要求大家做一个简单的动作，请大家把手往前摆动一下，然后再往后摆动一下，连续做300次，看看谁能每天坚持做。”

几天之后，苏格拉底说："前两天让大家坚持每天做一个重复的动作，坚持下来的同学请举手。"他看到当天有90%以上的人举起了手。

再过一个月，他说："一个月前我让大家每天坚持做一个动作，现在还坚持下来的同学请举一下手。"这个时候，只有70%多的人举起了自己的手。

不知不觉中，一年过去了，苏格拉底又提出了同样的问题，结果只有一个人举起了手。而那个人，就是后来变得和他老师一样有成就的大哲学家——柏拉图。

竖立一座心中的美丽灯塔

有一个19岁的英国男孩，他渴望当一个出色的军人，于是提前结束大学生活报名参军，并顺利成为了一个踌躇满志的伞兵。两年以后，他在一次排除炸弹的行动中，不小心引爆了炸弹。"轰"的一声巨响过后，他的肚子被弹片撕开了，左手骨折，骨盆有18处粉碎，膝盖以下全烂了。当时的他还清醒着，看到自己的样子后，恳求战友说："你枪毙了我吧！求求你，你不能让我这样活下去！求求你给我一个痛快……"

他被急送到医院，经过一番抢救，命留下来了，但是膝盖以下全部炸烂了，不得不进行截肢手术。之后的四年里，他不断地接受各种手术，并在后来安装了假肢。酷爱运动、充满男儿气概的他，感到命运给自己开了一个极大的玩笑。但他没有屈服，安上假肢之后，他利用一年多的时间来适应，然后凭着坚强的意志向自己发出了挑战。因为，他不甘心做一个屈从于命运的残疾人。

他积极参加各种活动——步行、跑步、登山和滑雪等。2000年，为了帮助英国伤残士兵募集善款，他重新盯上了自己挚爱的运动——跳伞。当时他只跳了40秒，但是这40秒，已经让他重新找到了生命的激情。

他说："在天上，就是这种自由自在的感觉，使我觉得自己是个健全人。"

从此以后，他每年要跳700次，并且在2005年考了跳伞教练资格证书，还娶了个同样爱好跳伞的老婆。为了纪念这别样的人生，他与老婆的婚礼是在空中举行的。2003年，他第一次正式参加比赛并且获得了冠军，他说："虽然比赛级别很低，但它使我知道自己是个有用的人，我能战胜任何对手。"在2010年1月初举行的英吉利海峡全英自由式跳伞比赛中，39岁的他战胜100多个健全人而成功卫冕。后来，他代表英国队参加在俄罗斯举行的自由式跳伞世锦赛。

他的名字叫阿利斯泰尔·霍奇森。

他说："我得感谢我的战友，他不仅没听我的，反而帮我包扎伤口，并不断地开解我，是他给了我第二次生命。否则，我就不能再享受跳伞的快乐了。"

他还说："我想告诉那些不幸的人，截肢并不可怕，可怕的是失去活下去的勇气。只要信念不倒下，那么，总有一天，你还会重新站起来的！"

1997年，有个10岁的中国男孩因触电而失去双臂，伤愈后他加入北京市残疾人游泳队。2002年，在武汉举行的全国残疾人游泳锦标赛上，他一举夺得了两金一银；2005年、2006年，他连续两年获得了全国残疾人游泳锦标赛百米蛙泳项目的冠军；19岁时，成绩优秀的他放弃高考，开始学习钢琴；2008年4月30日，他参加了北京电视台的《唱响奥运》，演奏钢琴曲《梦中的婚礼》，为刘德华伴奏《Everyone is NO.1》；2008年8月29日，CCTV-10《讲述》播出他的故事《断臂琴缘》；2009年12月3日，他参加了在广州举行的全国双上肢障碍者书画及才能展示活动；2010年5月，他参加了湖南卫视《快乐男声》济南唱区预选赛；2010年7月，他参加了东方卫视的《中国达人秀》，他站在舞台上说："我觉得在我的人生中只有两条路：要么赶紧死，要么精彩地活着。"

这个男孩的名字叫刘伟。他坦露了自己在音乐上的梦想，他这么多年来努力学创作、学制作，最渴望的就是有朝一日能够成为一名优秀的音乐人。

在他锲而不舍参加过的那些电视节目里，无数观众都被这位没有手臂的倔强男孩子给深深打动了。在《开心第一课》的第二课"坚持梦想"那一期节目中，明星们用语言滔滔不绝地描述自己的梦想，刘伟什么也没说，从上场到完成全部表演，他只说了两个字"你好"，而舞台上荡漾着的就是音乐……他没有双臂，就用双脚弹奏，他的生命在音乐中重新绽放……主持人王小丫赞叹说："这是我听到的最美的声音，听到琴声，我在想，我们四肢健全，我们能用到的一个词就是震撼。"

刘伟说："我都可以做到一步步离自己的梦想越来越近，那些孩子们还有什么不可以？"

不管是阿利斯泰尔·霍奇森，还是刘伟，他们都是在意外事故中丧失了最佳先天条件的命运不幸者。另一方面，他们又靠自己成为了命运的幸运者，甚至比很多四肢健全、天分不错的人走得还要远。他们有一千个一万个理由颓废丧气，从此一蹶不振，了此一生。可是他们没有。是他们让众人看到，生命的能力不仅仅限于四肢等外在，一个人，心里有美丽的灯塔，为之持之以恒地努力，拿出最坚强的意志在逆境中进行抵抗，生命终究会开出别样绚烂的花来。

科学是可以验证的，而信念却无法验证。人内心的力量，一旦释放下来，则往往会超乎自己的预期。

信念的力量究竟有多强大，意志到底能带来什么，只有为之实践的人才能知道。信念与意志，都是心中最美丽的灯塔。心里没有这座灯塔的人，在前行时，迫于现实的压力，只能选择盲目跟随，别人走到哪里，他们便跟随到哪里。

而心中有最美丽灯塔的人则不一样。跳伞是阿利斯泰尔·霍奇森的灯塔，音乐是刘伟的灯塔，我们每个人都有自己心中的灯塔。因为热爱生命，所以不甘心庸庸碌碌地度过一生。

《钢铁是怎样炼成的》一书中曾写到一个情节：保尔·柯察金意识到烟对生命的危害与损耗，有一次与同伴们谈论戒烟的问题时，他说他要把烟戒掉，但是同伴们都笑话他吹牛。烟这种上瘾的东西，岂是说戒就能戒的？保尔·柯察金说："人应该支配习惯，而不能让习惯支配人……"说完，就把嘴上的烟卷拿下来揉碎，并声称"我决不再抽烟了"。在别人都等着看他的好戏时，他却真的戒了烟。

在我们的身边，有许许多多抽烟成瘾的人，一次又一次地想戒烟，但是从来没有成功过。原因很简单，他们戒烟的意志力不够。

而保尔·柯察金戒烟的意志力来自他心中那座最美丽的灯塔，他曾经说：

“人最宝贵的是生命，生命对每人只有一次，人的一生应当这样度过：当他回忆往事的时候，他不会因为虚度年华而悔恨；也不会因为碌碌无为而羞愧。当他临死的时候，他能够说：我的整个生命和全部精力，都献给了世界上最壮丽的事业——为解放全人类而斗争。”

只有在心中竖立一座美丽灯塔，我们才不会在半路迷失方向。

你会站在别人的角度考虑吗

在一个伸手不见五指的夜晚，为了寻找心中真佛的苦行僧刚好走到一个偏僻的村子中。村子到处黑漆漆的，苦行僧小心翼翼地穿过这一段路，到转弯的地方，看见远处隐隐有灯光亮起，并且越来越近。路人看到灯光，高兴地说：“瞎子过来了。”

“瞎子？”苦行僧问。

“是啊，都瞎了很多年了。”路人回答。

瞎子又怎么会点灯呢？苦行僧不解，一个双目失明的人，今生无缘桃红柳绿的花花世界，白天和黑夜对他来说不是一样的吗？这样的人，在大晚上提着一盏灯笼，岂不是自取其辱？

灯笼越来越近，昏黄温馨的灯光晃到了僧人的鞋子上。苦行僧忍不住好奇地问：“敢问施主真的是一位盲者吗？”

挑灯笼的人说：“是啊，从来到这个世界起，我的眼前就一片混沌。”

苦行僧问：“既然你什么也看不见，那你为何挑一盏灯笼呢？”

盲人说：“我能感到太阳已经下去，现在一切都在黑暗之中。我听说，黑暗里没有光亮，那些双目明亮的人也将和我一样变成盲人。所以，我点了一盏灯，有了灯，夜晚总能看清一些东西的。”

苦行僧恍然大悟：“您真了不起，为别人照亮这个世界。”

盲人一点也不领情地说：“不，我是为自己！”

苦行僧非常诧异：“为你自己？”

盲人缓缓地问僧人说：“夜色混沌，双目成盲，你是否因此而撞到过别人或者别人因此撞到你呢？”

僧人说：“这是难免的，黑灯瞎火的，刚刚还被两个人不小心碰到，大家都差点儿摔了。”

盲人微笑说：“您看我，从来没有在夜晚被人撞到过，虽然我的双眼看不见，但是因为挑了这盏灯笼，照亮了别人的路，也照亮了自己的路，别人不会因为看不见而撞到我了。”

苦行僧听了，如醍醐灌顶，仰天长叹：“我长途跋涉，远走天涯，只为寻找心中真佛，我以为佛在极远处，没有想到佛就在我的眼前和身边。人之佛性，就如明灯，只要我点亮了，即使我看不见佛，佛却会看到我的。”

是啊，谁说“瞎子点灯——白费蜡”呢？世间的许多大智慧，都是藏在最寻常不过的生活里。瞎子点燃了手中的灯笼，也是点燃了属于自己的那一盏生命之灯，不仅照亮了别人也照亮了自己。

我们大多数都是平凡人，在平时的工作与生活中。习惯性的思维模式是以自我为中心，很少顾及别人的感受。我们容易严于律人、宽以待己，对别人的要求太多。而且在潜意识里希望他人都以符合自己的价值观的处世方式跟自己打交道。我们只要有一点不顺心就对整个世界上的人抱有强烈的敌意，认为他人一点也不理解自己，整个社会是那样的冷漠与残酷。事实上，每个人都在小心翼翼地等待别人靠近，也对人有太多的提防与猜测，却恰恰没有想到：应该常常站在别人的角度想一想，将心比心，是对别人的一种尊重，也是自己修为的升华。

李嘉诚曾说："人要去求生意就比较难，但生意跑来找你，你就容易做。如何才能让生意来找你？那就要靠朋友。如何结交朋友？那就要善待他人，充分考虑到对方的利益。"

商场如海，沉浮跌宕。有人说无奸不商，但是如果一个人怀着做大事业、为民造福之心，而不仅仅满足于赚几个钱，能够从每一个人的切身利益考虑，让利益出面调动别人，反而更能使万事向着有利于自己的方向进展。而在其间，无疑蕴含着无穷的智慧和财富。还有什么比站在别人的角度考虑更能打动人心呢？

许多世界有名的董事长能将生意越做越大，他们都有一个共同点，就是懂得善待他人，熟知普通老百姓的生活状况，并由此发展自己的事业。生意人尚且能将站在别人的角度考虑问题融为自己的谋利智慧，我们在生活中又该如何面对纷繁复杂的人际关系呢？

有一位迷茫的年轻人去拜访禅师，他问："禅师，我怎样才能让自己得到幸福，同时又能带给别人快乐呢？"

白发苍苍的禅师说："我送你四句话吧。第一句话，把自己当成别人。"

年轻人说："禅师的意思是，在我感到非常痛苦的时候，把自己当作别人，痛苦就不会那么强烈了；当我感到非常开心的时候，把自己当成别人，那么再热烈的情绪也会变得平和淡然一点。您是这个意思吗？"

禅师点了点头，接着说："第二句话，把别人当成自己。"

年轻人说："在别人痛苦的时候，将心比心去感受别人的痛苦，懂得别人的难处，救别人于危难之中。禅师您这个意思我明白了。"

禅师微笑着点了点头："第三句话，把别人当成别人。"

年轻人说："只有把别人当成别人，尊重每个人，保持每个人的独立性和独立思维，人与人之间才能相处得更加和谐。因为人际关系就像刺猬一样，靠得太近了会互相伤害，离得太远了又会冷到。"

禅师赞许地说："你说得非常好。那么，我这里还有第四句话，就是不要忘记把自己当成自己。"

年轻人想了很久，但还是不明白如何把自己当成自己。因为，他发现禅师送他的四句话总结起来是互相矛盾的。把自己当成别人，把别人当成自己，把别人当成别人，都是在教一个太把自己当自己的人，如何学会站在别人的立场为别人多多考虑。

年轻人说："我不懂，要怎样才能把自己当成自己？"

禅师高深莫测地一笑说："这个嘛，需要你用一生的时间去经历。”

年轻人百思不得其解，只好叩谢离去。

多年以后，年轻人才渐渐明白，以自我为中心会让人失去朋友，陷入孤独之中；而完全以别人为中心，则会失去自我，同样得不到社会的尊重，一样会陷入孤独之中。一个人，只有尊重每个人的独立空间，坚守自己的位置，无论穷困潦倒，还是春风得意，时刻不要忘了换位思考，想想别人，反思自我。只有这样，才能用理解和宽容对待每一个人，才能把敌人变成朋友，把朋友变成手足，并且把自己变成一个更加完善的人。

在成长的道路上，在学习中，在工作中，在面对纷繁复杂的人际关系时，我们是否常常反思自我，将心比心，像关心自己和亲人一样去关心他人的利益与情绪呢？无数人将“静坐常思己过，闲谈莫论人非”这样的话作为座右铭，然而真正做到的又有几个呢？

就如去寻访禅师的那位年轻人所说的，人与人之间的人际关系，是如此微妙复杂，离得太远过于寒冷，靠得太近又常常互相伤害，唯有不远不近，保全自我，又为他人着想，才能走得更加长远。瞎子眼前无光，而手中执亮，既照亮了别人，也照亮了自己。

所以，会站在别人角度考虑的人，别人也会心甘情愿地站在你的角度为你考虑。

第三章 关于希望

不少人的观念很死板，认定万事稳为上。他们拈轻怕重，害怕失败，害怕被人嘲笑，常常梦想还没启程就已经夭折在各种畏惧里，稍微遭受点打击就万念俱灰。实际上，越不可能的事情越能成功。越不可能的事情，表面看上去非常难，一般人都会选择放弃，或者将那事儿不当一回事，也认为这个世界其他人不会将其当做一件事，可就在这忽略与不屑里面，蕴藏了无限的生机与可能……

越不可能的事越能成功

哥伦布曾经发现一个有趣的道理：越不可能的事情越能成功。

1485 年 5 月，哥伦布到西班牙游说："我从这儿向西也能到达东方，只要你们拿出钱来资助我。"当时，没有一个人阻止他，也没有一个人相信他，人们认为，从西班牙向西航行，不出 500 海里，就会掉进无尽的深渊。到达富庶的东方？绝对不可能。

不过，哥伦布还是成功地进行了他的第一次航行，在没有一个人相信他的情况下。结果，后来人们都相信哥伦布说的话不是开玩笑了。因为他从东方带回来的黄金、玛瑙、翡翠、玉石、毛皮、香料让他比王侯还阔绰。

越不可能的事情越能成功，这似乎成了一条真理。

1973 年，全世界没有一个人认为漫图阿农场的股票能够复苏，有人预测，漫图阿不出三个月就会破产。可一个叫巴菲特的美国人却不这样看，他认为越是在人们对某一只股票失去信心的时候，这只股票越是有可能成为一处出人意料的大金矿。所有人都认为不可能的事情反而容易成功。结果，巴菲特在众人都对漫图阿农场失望时，以 5 美分的价格买入了 1 万股……接下来不到五年时间，漫图阿的股票不断上涨，巴菲特赚了 4700 万美元，成为当前仅次于比尔·盖茨之后的大富翁！

法国一位 7 岁的小男孩，创办了一家专门提供玩具信息的网站。大人们对此不以为然，一个小孩儿能做成什么事情？

没有一家玩具公司将其视为自己的竞争对手，也没有任何行业来找小男孩签订行业约束条约。人们都说，一家小孩子的游戏网站，让他自个儿跟自个儿玩去吧！谁知，男孩居然将网站做大了，三年之后，小家伙成了法国最年轻的百万富翁。

越不可能的事情，表面看上去非常难，一般人都会选择放弃，或者不将那事儿当一回事，也认为这个世界上的其他人也不会将其当作一回事，可是这忽略与不屑里面，却蕴藏了无限的机会与可能。

在没有一个竞争对手的时候，第一个吃螃蟹的人才能发现螃蟹的价值与美味！但是，第一个吃螃蟹的人一定要有智慧与远见。他不会被螃蟹复杂的表象吓到，还要明确螃蟹是没有毒的，就算在不明确的情况下，也要有付诸实践、不计后果的勇气。在我们的生活中，常常有许多一闪而过的念头，对于这些念头，有的人还没有行动就选择了放弃。他们嘲笑自己说：这辈子只能想想了，看来生吧。

正因为这样，对于大多数人而言，念头永远只是念头。只要有毅力、有勇气、有远见，就会在没有人走的路上开辟出一条路，并且看到别人都看不到的奇妙风景。即使谁也不能预料那神秘的未知境地是否真有别样风景，然而心中一团火热的人，他在完成这件事的过程中，已享受到了生命的喜悦。有了梦想，并且将这个梦想扎根在心里，勇敢去付出行动，从细节做起，从自己能把握的部分做起，朝着心里的那座美丽灯塔前行，永不放弃、绝不停止，勇敢面对任何挫折及挑战，往往能将那些众人眼里不可能的事情变成可能。

经常听见很多人说：真想回到学校再去读个学位，可是那样的话时间就都浪费了，读完书出来都三十好几了！

也有人说：我真想去另一座城市找找机会，可是当下这份工作来得也不容易，辞掉后万一找不到比现在更好的呢？虽然枯燥无味，可是起码保险啊！

还有人说：什么啊，我都结婚这么多年了，这个年龄再去学习那是不可能的事情。要是再年轻几岁就好了！现在啊，就是混日子，也没办法，什么年龄做什么事情嘛。

可是，那些因为读完书出来就 30 好几了而因此不去尝试的人，几年过去，他念念不忘去读个学位的事情也没有做。难道就能回到二十好几吗？青春与时间，不会因为我们没有去做一件最想做的事情就能留得住。相反，时间对于每个人都是公平的。如果我们不为梦想付出一次，甘于现状，畏首畏尾，多年以后，我们会变成什么模样呢？也许，就真的成了自己曾经最讨厌的样子。

著名作家严歌苓在 30 岁的时候，外语零基础，可她拼命努力，最终靠自己考上了美国一所她最想去的学校，读了自己最羡慕的一个专业。如果按照一般人的想法，一个女人在 30 岁的时候，大概就应该留在家里相夫教子，或者安心地做一份稳定的工作。

当年纪越来越大，梦想的格局与空间慢慢地被压缩。我们的心高气傲、我们的书生意气，都渐渐被严酷的现实打压。打压我们的人，也许是我们的竞争对手，然而也极可能是我们身边最亲的人，比如最为关心我们的师长与父母。他们总是不厌其烦地来劝说我们，不要瞎折腾，有些事情不可能，不如安安稳稳地生活，听从安排。在一遍又一遍的打压与怀疑下，我们越来越沉默，越来越收敛，越来越不敢表达自我，越来越害怕别人的嘲笑与怀疑。

我们如果可以以赤子之心面对这个世界，不放弃学习，勇于尝试各种可能性，不给自己的生命设置各种局限，那么，往往能将许多不可能的事情变为可能。

100 多年前，一位穷苦的牧羊人带着两个幼小的儿子以替别人放羊为生。有一天，他们赶着羊来到一个山坡上，一群大雁鸣叫着从他们头顶飞过，很快消失在远方。牧羊人的小儿子问父亲："大雁要往哪里飞？"牧羊人说："它们要去一个温暖的地方，在那里安家，以度过寒冷的冬天。"大儿子眨着眼睛羡慕地说："要是我也能像大雁那样飞起来就好了。"小儿子也说："要是能做一只会飞的大雁该多好啊！"牧羊人沉默了一会儿，对两个儿子说："只要你们想，你们也能飞起来。"两个儿子试了试，都没能飞起来，他们用怀疑的眼神看着父亲。牧羊人说："让我飞给你们看。"于是他张开双臂上下摆动，但也没能飞起来。可是，牧羊人肯定地说："我因为年纪大了才飞不起来，你们还小，只要不断努力，将来就一定能飞起来，去想去的地方。"两个儿子牢牢记住了父亲的话，并一直努力着，等他们长大——哥哥 36 岁，弟弟 32 岁时——他们果然飞起来了，因为他们发明了飞机。

这两个人就是美国的莱特兄弟。

做人，总该有点野心

一个能力平平的员工，如果只以吃饱能过日子就行为人生目标，那他定然一生都在为微薄的工资而奔波劳累；一个成绩不突出的中学生，如果仅以 60 分作为考试目标，那他的成绩肯定很难升得上去；一个不思进取的国家运动员，如果仅仅以跟在队里有饭吃为目标，那他很难有打破世界纪录成为一个出类拔萃的运动员的可能。

做人，总该有点野心。

梦想成真者，要有比大部分普通者更高的眼光。大部分人都因为过于安于现状，总觉得自己的理想不可能实现，又觉得即使有可能实现，自己也没有那么大的野心。因此，就算人的潜能都是巨大的，而能将自己潜能挖掘出来的却只有极少数。

想周游世界的人最终可能就去了几个国家，想成为亿万富翁的最终可能是个千万富翁，想考个普通本科的学生很可能分数只能达到大专线……做人，总该有点野心，野心越大，行动越给力，结果才越可能超越一般人。就如勤奋不一定有成绩，但是不勤奋一定没什么成绩一样；有野心不一定能够成功，但是没有野心一定难以成功。因为野心决定一个人的信念，信念决定一个人的思想，思想决定一个人的行动，而行动决定了一个人最后的成绩。俗话说：“人穷烧香，志短算命。”一个有志气、有梦想的人，自然不能将希望全都寄托在烧香拜佛上。

必须有野心这个动力的驱使，才能牵引一个人走得尽可能远。心里的真实想法就像一面大镜子，往往积极者得到积极的结果，消极者得到消极的结果。而有野心的人，被一个庞大的远期目标支撑着，即使在人生沿途遇到各种挫折与困难，他都不会看得太重。相反，没什么野心的人，过于安于现状，往往在生活中容易被挫折击垮。变得畏首畏尾。

人们常说，心有多大，舞台就有多大。这个“心”其实就可以指代“野心”。野心小的人与野心大的人相比，即使是在同样的起跑线上，等过10年、20年再看，也往往会有天壤之别。

陈涉年轻的时候，曾经给别人做雇工。一次，他停止了耕作，走到田埂上沉默很久，说道：“如果我们中间将来谁富贵了，可不要忘了别人。”别的雇工笑着回答说：“你给别人做雇工种地，怎么会富贵呢？”陈涉叹息说：“唉，燕雀哪里能知道鸿鹄的志向呢？”后来，陈涉带领戍卒在大泽乡发动起义，谋求推翻秦朝的残暴统治，在历史上留下了浓墨重彩的一笔。

夏洛特黄蜂队的一号球员博格斯从小酷爱篮球，几乎天天都和同伴在篮球场上“斗牛”。当时他的梦想是有一天可以打NBA。可博格斯身高只有1.6米，在东方人里也算是矮子，更不用说在球员身材高大的NBA了。同样酷爱篮球的小伙伴们，想都不敢想打NBA这件事。而随着时间的流逝，博格斯不仅是现在NBA里最矮的球员，也是NBA表现最杰出、失误最少的后卫之一，不仅控球一流，远投神准，甚至在高个队员面前带球上篮也毫不畏惧。人们每次看到博格斯像一只小黄蜂一样满场飞奔，心里总忍不住赞叹。他的表现不仅安慰了天下身体矮小而又酷爱篮球者的心灵，也鼓舞了平凡人内心的意志。

富勒生活在贫民区，家里兄弟姐妹很多，他母亲经常和儿子谈到自己的梦想:“我们不应该这么穷，不要说贫穷是上帝的旨意。我们很穷，但不能怨天尤人，那是因为你爸爸从未有过改变贫穷的欲望，家中每一个人都胸无大志。”这些话深植于富勒的心中，他开始努力，12 年后，他已跻身于富人之列。富勒说：“虽然我不能成为富人的后代，但我可以成为富人的祖先。”

如果野心是巨大的，那么行动一定会是卓然有效的。因为这时候的野心，就像绝境求生的欲望一样强烈，人在这种欲望的驱使下，不努力都难。

人世中的许多事，都没有想象中那么难。我们在做事之前，都太高估我们的假想敌了。想做的事情，只要坚持去做，用心对待，一步一个脚印，总能跨越障碍，超越自我，获得成功。没有比自己更可怕的敌人，意志与野心往往决定一个人到底能走多远。

野心越大，行动力越强，与目标越接近。

许多人在遇到不如意时，往往会没完没了地怨叹这个社会多么不公平，这个社会上的人多么自私冷漠，这个世界给自己带来了多少艰难困苦以及打击。可是，我们为什么一定要这个社会改变了才会有所行动呢？我们为什么不先从自身出发呢？我们一定要得到全世界的支持才开始迈出小心翼翼的第一步吗？

有野心的人从来不等，也不在乎这个世界支不支持自己。因为绝大多数人都是平凡的人，过于平凡的人都有一套平凡的思想与理念，也许他们确实是发自内心地为你好，但是他们的很多劝告只会牵绊你的脚步，直到你变得和他们一样平庸，他们才善罢甘休。所以，与其等待别人的支持后才行动，不如率先改变自己的态度，改变自己的某些观念和做法，让自己足够强大、足够自信，足够能抵御外来的侵袭。当一个人强大了，眼前的世界才会明朗可爱许多，因为他不再有心思为生活细节而斤斤计较。心态变好了，更有利于塑造好的习惯；好的习惯养成了，就离人生梦想更近一步了。

做人，应该有野心。有野心才能发自内心地投入热情，而热情往往能带来资源、信任以及更多的经验与能力。这样一来，人才会渐渐明白，付出与索取一样重要，甚至比索取更重要。

有野心者都是想做大事、成大器者，而想做大事、成大器就该有大智慧。而与人相处的大智慧就是知道自己能付出什么，能给这个社会带来什么。只有热衷于付出，路才会越走越顺畅，因为帮助别人就是帮助自己。

野心不仅靠智慧与勇气支撑，还要靠胆略和行动力支撑。

人生十分有限，我们想要走远，必须先有革新自我的勇气与对未来势在必得的野心。

还是那句老话：心有多大，舞台就有多大。

永不放弃的希望

她是一个孤独的女孩，因为患有小儿麻痹症，而把自己封闭在一个孤独的世界里。

年龄一天天增长，她越来越自卑，终日沉默不语，敏感地拒绝任何人靠近，除了一个同样孤独的邻居老人。老人乐观友善，在战争中失去了一只胳膊，没事就给小女孩讲故事，两个人成了忘年交。

初春的一天，老人推着小女孩出去转转，来到一所幼儿园旁边，操场上欢声笑语，孩子们悦耳的歌声随风飘扬，女孩羡慕地看着那些开朗快乐的孩子。老人说："我们为他们鼓掌吧！"女孩诧异地望着老人，自己的胳膊动不了，老人也只有一只胳膊，怎么可能为他们鼓掌呢？老人眨眨眼睛，笑笑，解开衬衣扣子，露出胸膛，用唯一的手掌拍起了胸膛……那天的天气有点冷，可是女孩的内心却涌起一股暖流。老人笑着说："一个人，只要不放弃，肯努力，就是一个巴掌也能拍响亮！所以，孩子，不要怕，你一样也能站起来的！"

回去以后，女孩让父亲帮自己找来张纸，写下这样一行字："一个巴掌也能拍响！"然后郑重地将它贴到墙上。

从那以后，女孩的性格开朗了许多，开始积极配合医生的治疗，主动做各种原来看上去很难，即使做了也没什么用的运动。每当父母不在身边时，她还会扔了支架，自己试着慢慢走。疼痛钻心蚀骨，可是女孩坚持着。她牢牢记着老人的话，别的孩子能行走，她相信自己也可以做到！

时间一天一天过去，无论寒暑，她都咬牙苦苦坚持……11 岁时，女孩扔掉了支架。

她决定迈向另一个目标——开始进行田径运动。1960 年罗马奥运会女子 100 米跑决赛上，她以 11.18 秒的成绩第一个撞线。之后，掌声雷动，人们都站起来为她喝彩，齐声高呼着这个女孩的名字——威尔玛·鲁道夫。

在 1960 年的奥运会上，威尔玛·鲁道夫成了当时全世界跑得最快的女人。她一个人，摘取了三枚金牌，成为历史上第一个黑人奥运女子百米冠军。

永远都不要放弃自己的希望，哪怕只有一只胳膊，哪怕天生条件比许多人差！许多人不知道，希望的力量比其他的力量更加强大！

在马来西亚的一个国际心理学会议上，有人大力推荐自己所创立的积极心理治疗理论：

将一只大白鼠放入一个装了水的器皿中，那只大白鼠会拼命挣扎求生，所能维持的时间为 8 分钟左右。然后，在同样的器皿中放入另外一只大白鼠，在它挣扎了 5 分钟以后，放入一个可以使它爬出来的跳板，结果这只大白鼠得以活了下来。过了一些时间以后，再将这只大难不死的大白鼠放到同样的器皿中，结果令人非常吃惊。因为这只大白鼠竟然坚持了 24 分钟，远远超过了一般情况下一只白鼠能够坚持的时间。

这是因为，一般白鼠，当置身于有危险的水中时，靠本能挣扎不到一会儿，就万念俱灰、筋疲力尽了。而有过逃生经验的白鼠多了一些不一样的精神力量，这股力量支撑着它能坚持更长的时间。它不放弃希望，相信在某个时候也许会有一块跳板出现来营救它，这使得它心态非常积极。

心理研究专家说，最后，他将挣扎了 24 分钟的大白鼠捞了出来，因为他认为，有积极心态的大白鼠更有价值，更值得活下去。

人也一样，在面临激烈的竞争与严酷的挑战时，积极心态者的承受能力更强，更能够直面风雨，创造出更多意料不到的价值。一个人，不管面临大事还是小事，只要有永远不放弃希望的精神便等于成功了一半。这是一种信念，会成为人的脊梁骨。

信念到底有多重要呢？看下面这个例子就知道了。有一个身患重病的女人，当时她已经被确诊为癌症晚期，已经没有多少时间了。可是她不相信命运这么残酷，反而变得豁达起来，放下手中一切让她觉得心烦的事情，尽全力去做自己喜欢做的事情。她一直梦想开个咖啡馆，为了慰藉病中的自己，就真的开了个咖啡馆，并且每天以积极的心态忙碌着，还积极配合医生的治疗，从来都没有放弃过生的希望，甚至比以前更爱美、更在乎形象。她享受着生命留给她的每一刻，没有想到，再去复查的时候，奇迹出现了，癌细胞越来越少……五年过去了，十年过去了，她依然每年定期检查身体，但是体内的癌细胞已经全都没有了。她从一个癌症晚期患者变成了一个健康快乐、会享受生活的事业型女人。

在人生的道路上，每个人都会遇到各种各样的不如意，千万不能放弃最后的希望。有时候，我们需要一点儿倔强，不因现实中的挫折便跟自己过不去。懂得善待自己的选择，拥有无论什么样的结果都不遗憾的心态，人才不会终日沉浸在怀疑与忧虑之中，才能获得精神解脱，更从容地走自己选择的路，更有信心坚持自己设定的目标。

天有不测风云，谁也不知道下一刻会遇到什么样的阻力，谁都遇到过嘲笑与打压，我们不能左右别人的看法，但至少可以坚定自己的内心、保持自己的希望。

当我们实在难过而难以继续走下去时，请静下心来，听一听希望的声音。无论多么困难，也要让心灵相信光明，相信美好总会到来。一个人有了希望，就会朝着这希望不懈地努力。即使再累，也累得有价值，也能在最快的时间里重新积聚一身力气。

人生需要希望。

希望就像罗盘，引导人生航船的方向。生命一程一程地向前推进，不断驶向前方。而在这过程中，唯有希望总是指向光明，激励着我们不断超越自己，让我们充满了实现自身价值的喜悦，让平淡的日子充满幸福。

掌声总会响起来

他是一个自卑的男孩子，家境贫穷，长得又黑又瘦，他父亲在食堂收吃剩下的馒头喂猪，母亲在学校旁边卖水果。他周围的同学，父母全是这个城市里有权有势的，只有他例外，他是父亲花了大价钱托人找关系才上了这个重点中学的。

从来的第一天起，他就备受歧视。

他的名字，他的口音，他的衣服，全部都是这个学校最差的。别的男孩子笑话他的衣裳，学他的口音说话、吹口哨。他因缺乏信心，成绩在学校排名倒数，因而越来越沉默，甚至来了一年从来没有主动跟女生说过一句话。唯有班主任李老师对他特别照顾。

李老师在学生圈里备受好评，大家都喜欢他。教师节到了，同学们都积极地给老师送礼物。只有他，不忍心开口找父母要钱买，就偷偷地在家里煮了一个鸡蛋。

他十分用心地找了一个漂亮的包装盒，要把鸡蛋放在里面送给老师。同学们说：“你这是什么啊，怎么这么小？”

他红着脸小声说：“鸡蛋，送给李老师的。”

大家都哈哈大笑起来，有人嚷着：“我妈妈每天逼着我吃鸡蛋，我看都懒得看一眼，居然还有人专门送一个鸡蛋！”可是，李老师却当宝贝一样收下了，并且在全班同学面前说：“同学们，这是我从教以来，收到过的最特别的礼物，这份礼物非常有新意，老师感到非常开心，觉得这样的礼物非常有意义。谢谢这位同学。其实，老师不需要大家的特别贵重的礼物，只要有心，老师就非常感动了。同学们的学习成绩才是给老师最好的回报。”

男孩感动得直流泪，将自己的心事写在了日记里。老师第二天在课堂上给全班同学说了一个故事：“以前，有个小男孩，家里非常穷，在学校备受歧视，老师也从不关心他。家长们一到了节日就抢着给老师送礼。男孩的母亲为了让男孩得到更多的关照，特地将家里的唯一一只老母鸡送给了男孩的班主任。可男孩的班主任看了一眼，不屑地说，‘这东西谁要，吃都吃腻了。你们赶紧拿走，别弄脏了我的办公室’。男孩的自尊心被刺伤了，从此发愤图强，成绩越来越好。后来，每次考试都是全班第一名，又上了重点中学、重点大学。最后，他毕业了，去了一所小学里教书。”

同学们感动得热泪盈眶，禁不住鼓起掌来。有的人抹着眼泪说：“老师，我要以那个男孩子为学习榜样。”

李老师点头笑笑：“其实啊，那个倔强的男孩子就是我。”

大家再次拼命鼓掌，那个自卑的男孩手掌都拍红了，眼泪也冒了出来，咬着嘴唇望着老师。他没有想到李老师也曾经有那样自卑的少年时代，于是开始有了自信心。每当他胆怯的时候，学习不下去的时候，或者不敢跟别人打交道的时候，就会想一想李老师的话。男孩子的性格奇迹般地转变了，似乎成了另一个人，成绩稳步前进，后来在学校的光荣榜上年年有名。

当他作为“学习标兵”站在全校同学面前演讲完毕后，热烈的掌声响了起来，那一刻他的眼眶又湿润了。男孩子这才明白，原来，自卑也可以是一种动力。一个人只要有信心，敢于坚持，活出自己的特色，掌声总有一天会响起来的！

其实，从自卑走向成功的例子，在世界知名人物中比比皆是。

中国著名企业家罗忠福，在少年时代就曾为自己的家庭而自卑过。在那个特殊的年代，罗忠福因为家庭成分原因备受歧视与屈辱。大学才读了半年，就被当地卡住户口，被迫退学。20岁时，罗忠福的父亲离开人世，为了维持生计，他的母亲给人看孩子、洗衣服、挑煤。母亲忍受着来自各方面的侮辱和鄙视，性格大受影响。而敏感的罗忠福也深深感受到了人生的屈辱。25岁时，罗忠福被分配到一家小工厂当合同工，带他的工人讥笑他说：“会读书有什么用，还不是给我这个不会读书的人当学徒？”罗忠福陷入了深深的自卑中，一度觉得人生不再有希望。有一次，他在长江边徘徊了一整天，想往江中一跳，彻底结束那屈辱的人生。可是，最后他没有放弃活着的希望，他坚信生命不会一直陷入低谷。后来，等他从牢狱里出来时，已经40岁，头发都花白了。他不畏艰难，从头开始，学习经商，奋斗了十多年，终于成为世界知名的中国民营企业家。

法国伟大的启蒙思想家、文学家卢梭，一出生便成为孤儿，曾经流落街头，他为此很是自卑；存在主义大师、作家萨特，两岁丧父，左眼斜视，右眼失明，没有亲情，没有健康的身体，他曾一度活在极度自卑的阴影里；法国第一帝国皇帝、政治家、军事家拿破仑，个子矮小，家庭贫困，他年轻时一度被此困扰而自卑；美国总统林肯出身于极普通的家庭，毫无显赫背景可以炫耀，9岁就失去了母亲，只受过一年学校教育，因为家庭生活压力而不得不下田劳动，林肯曾深深地为自己的身世而自卑；日本著名企业家松下幸之助，4岁时家庭陷入困境，9岁时不得不辍学谋生，11岁时父亲去世，他也为此自卑不已；中国中央电视台著名节目主持人张越，曾经自卑到不敢穿裙子、不敢上体育课，大学结束的时候，她差点儿毕不了业，因为她不敢参加体育长跑测试！她觉得自已肥胖的身体跑起步来看上去一定非常非常笨重……由此可知，许多事业有成的人的成就都和自己早年的自卑经历有关，正是因为自卑，让他们努力学习别人的特长，并且避开自己的缺点。因为自卑，他们把远大理想埋在心底，努力做好手头的每一件小事，这自卑又成了他们进步的动力。

不经一番彻骨寒，怎得梅花扑鼻香？

多少人都有不尽如人意的低谷期，多少人在逆境中顽强成长、学习，最后成为有用的人。有时候，我们不要抱怨周围的环境，如果换一个角度看，它反而能磨砺出奋发向上的意志和百折不挠的精神。

在浩瀚的历史长河里，无数优秀人才都曾身处绝望边缘。然而，一个人不管遇到什么样的困难，不低头、不屈服，默默努力，那么，岁月才会回馈他最响亮的掌声。

第四章 机遇永远青睐有备而来者

台上一分钟，台下十年功。经常有人羡慕别人机遇好、命运好，却从来没有看到别人光鲜背后的艰辛与汗水。一分耕耘，一分收获。在生活中，那些躺着等待机遇的人，一味“守株待兔”的人，却不知道能否抓住机遇、利用机遇，关键在于人们在知识、文化、思想等多方面的准备，在于勤奋努力……因为，机遇永远青睐有备而来者。

计划，让你先人一步出发

居里夫人说，强者制造时机，弱者等待时机。

有一个推销员，刚刚做推销员不久，发现自己组织能力极差。他打出了 2000 多个电话，平均每周 40 个。记录一多，工作就有点找不着方向了。他非常渴望找到一个使自己的工作井然有序的办法，但是一时不得要领。工作一段时间后，他意识到，也许准备计划比投入工作更重要。于是，他把所打的电话记在卡片上，每周有四五十张。然后根据卡片的内容安排下次的工作，再排出日程表，列出周一到周五的工作顺序，包括每天要做的事。

这些工作要花去四五个小时，过程非常琐碎枯燥，往往大半天时间就这样没有了。年轻的推销员本想放弃，但是坚持一段时间后，发现做起事来十分省劲儿。他不再是急急忙忙地到处打电话，而是胸有成竹地去会见客户。因为已经准备了整整一周，这一周里都在考虑见了客户应该说些什么，要准备什么样的建议——因为准备充分，精神饱满，见面会格外顺利，推销员也越来越自信。他现在将推销工作当作一场战役，知己知彼而百战百胜。并且，他确实在了解对方的准备工作里尝到了甜头……这样过了几年，他在职场越来越顺利，并且摸索出来了一套策略。他将星期六上午改成“自我组织日”，周六下午和周日全休。

他发现好好腾出来半天用于思考，胜过匆匆忙忙地瞎忙五天。

而善于做准备计划，让他接下来的工作效率高得惊人。

花足够的时间去做计划，能将事情做得更加有效，这是所有明智者执行的准则。中国有个故事——磨刀不误砍柴工，说的就是这个道理。

父亲交给两兄弟一人一把生锈的柴刀，看谁砍柴多。一个拿了刀就往山上跑，之后就拼命砍柴。另外一个却先找磨刀石，找到之后花很多时间将刀磨得光光溜溜的才上山。最后，自然是后者砍的柴多。

生活中有很多人将自己弄得像个陀螺，为了学习或者工作没完没了地转，卖力不讨好。比如，一位刚做推销的小伙子抱怨自己忙得连一条领带也买不上，可是工作依然做得乱如一团麻。他向一个成功的推销员取经。成功的推销员告诉他："富兰克林说过，一些人始终生活在古老的年代。因此，我把表拨快一个半小时。我可以利用这点时间读读书，想一想当天的工作。当然了，利用那点时间多睡一会儿，也是挺美的。完全看你怎么选择了。"小伙子立刻就买了闹钟，并且参照那位成功推销员的办法，将星期六列为"自我组织日"。不出几年，他就由一个碌碌无为的普通推销员变成了一家大公司的销售经理。

再举一个实例吧。

芬林斯·杜伦先生，是费城联邦人寿保险公司的领导人，曾经给西部分公司经理打电话说希望下周二能见到他。可是西部分公司经理说他也殷切盼望能与之见面，但周五才有时间。芬林斯·杜伦先生只好等，到了周五共进午餐时，他问西部分公司的经理："你这一周都在公司吗？"他说："是，我在。"芬林斯·杜伦说："这么说，你周二也在？"他笑着回答"是"。芬林斯·杜伦感到非常生气，因为他一周跑了两趟。可是这位经理解释说，他必须花好几个小时来计划本周工作。按照计划，周二有很多事情，排得满满的。他之所以有当时的工作成就，完全是因为严格遵守计划，他的所有工作都是按照计划，提前准备好才采取行动的，这是他成功的秘诀。

计划，就是为未来做科学合理的准备，但是它以“过去”为依托，也就是用自己以往的经验来为未来的生活出谋划策。一个好的计划必须从现实条件出发，在对当前客观情况的考察中、在对个人主观条件的分析中，不仅提高了自我认识能力，而且认识世界客观规律的能力也会得到锻炼和提高。

一种习惯的养成，往往需要长时间规律性的持续的实践。我们在实际学习工作中，总会遇到一些意外的情况冲击我们的学习工作计划，由此产生计划与现实的矛盾冲突，很多人因此会打乱了计划或者放弃了原有计划，导致最终一事无成。其实，计划也是根据个人性格来的，在因为个人情绪或者意外事故导致无法坚持原有计划时，可以适当地进行一下调整，有一个短暂的缓冲阶段，这样才能有效克服困难，保证计划的实施。

计划，本就是在梦想实现过程里，需要坚持付出行动的其中一部分。

有准备的人在面临突发状况时往往心里有底，有勇气，有行动力，最终达到事半功倍的效果。成绩斐然的人，大多数都是善于坚持、善于做好准备工作的人。俗话说，一年之计在于春，一天之计在于晨。老人们往往在年初就定好这一年的计划，在早上就想好这一天要完成的事情。有计划者在行动上就能达到先人一步的效果。

哈佛大学有一个非常著名的关于目标对人生影响的跟踪调查。调查的对象是一群智力、学历、先天条件差不多的年轻人。调查结果发现：27%的人没有目标；60%的人目标模糊；10%的人有清晰但比较短期的目标；3%的人有清晰且长期的目标。25年的跟踪研究结果显示，他们的现状十分有意思。那些3%有清晰且长期目标的人，25年来几乎不曾更改过自己的人生目标。25年来他们都朝着同一方向不懈地努力，25年后，他们几乎都成了社会各界的顶尖的成功人士。他们中不乏白手创业者、行业领袖、社会精英。那些10%有清晰的短期目标者，大都处于社会的中上层。他们的共同特点是，短期目标不断被达成，成就稳步上升，成为各行各业的不可或缺的专业人才，如医生、律师、工程师、高级主管，等等。那些占60%的目标模糊者，几乎处于社会的中下层面，他们能安稳地工作，但都没有什么特别的成绩。而剩下的27%的没有目标的人群，他们几乎处于社会的最底层，都过得不如意，常常失业，靠社会救济生活，并且常常抱怨他人、抱怨社会、抱怨世界。

哈佛大学对大学毕业生进入职场后的收入变化也进行了长期的研究。研究结果表明，形成文字性计划的重要作用毋庸置疑。83%的人对职业发展没有设定过目标，他们的收入在这里作为参考基数。14%的人对职业发展有清晰的目标，但没有书面记录下来，他们的工资是前者的3倍。3%的人对职业发展有清晰的目标，并书面记录下来，他们的收入平均是第一类人工资收入的10倍。

造成这种等级区分的，当然有机遇、关系以及与之相对应的环境的原因，但是，一个更为重要的因素却是——计划。

羡慕别人不如自己奋斗

我们发现身边总有这样的人，他总是牛气哄哄地炫耀他认识什么人，或者他昔日的老同学现在混得怎样怎样，或者某某名流以前就住在他家旁边的小巷子里……

他们对别人的成就津津乐道，靠复杂的人际关系网攀援前进，自己却睡在空想大壳里，认为那些成就属于自己认识的人就很有面子，而自己就不大可能。他们习惯了膜拜与羡慕，不屑于做好身边的小事，只想去做天边的大事，他们把自己看得过高，到头来却陷入迷茫之中，成为社会上最卑微浮夸的那一个群体。

如果冷静下来想想就会明白，在人生旅程里，没有人能将我们打败，除非我们自己。也没有人会帮助我们一辈子，每个人的上帝都只能是自己。

当网络上的富二代、官二代掀起一阵阵炫耀之风时，无数人沮丧地感叹：寒门再难出贵子，因为这是一个拼爹的年代……如果你因此而选择放弃，那就太可悲了。

有这样一个寓言故事：猪每天吃完睡、睡完吃，长得白白胖胖的，就等着被宰掉。它说，假如能够再活一次，它最渴望做的是一头牛。虽然非常累，但是名声好、口碑好，活着也有劲头儿。可是牛却说，假如让我再活一次，我宁愿做一头猪，每天只想着吃，吃饱了就睡觉，睡饱了醒来再吃，不用辛辛苦苦流汗受累，活得逍遥自在，一辈子没啥遗憾。而天上的老鹰说，假如生命可以重来，我宁可做一只鸡，口渴有水喝，饿了有米吃，冷了有房子住，危险来了还有人类的保护。可是鸡说，假如生命可以重来，我最大的愿望是做一只鹰，一只可以翱翔天空、云游四海，任意捕兔杀鸡的老鹰，要多威风有多威风。

这真有趣，其实，我们都一样。父母总是张口闭口别人家的孩子怎么听话怎么优秀，自己总是觉得别人家的父母怎么通情达理、怎么令人羡慕。我们总会不由自主地去羡慕别人所拥有的东西，羡慕别人拥有的家庭，别人新交的对象，别人的高学历，别人薪水不菲的工作。我们从来没有好好想过，也许在另一个角落，这些我们羡慕的朋友，也会暗地里羡慕我们。每个人都有可能是别人羡慕的对象。街头的乞丐羡慕富豪人家的锦衣玉食，而富豪人家却也可能羡慕街头乞丐的潇洒不羁。

人总是这样不知足，总是对别人的成绩充满了艳羡，自己却没有那个魄力去吃苦、去奋斗。许多人幻想有一天一觉醒来，自己就什么都有了，成了一个最令别人羡慕的人。我们总是拿那些我们认为接近完美的人生来做比较，来当做生活里的一桩新闻与参照点。可是人们忽略了，人都是家丑不外扬的，只会把最好的一面展现出来。任何一个人，活在世界上都有他的痛苦与不如意，那些痛苦与不如意即使展露出来，也不一定能得到别人的帮助。在这种情况下，示弱无非是自打耳光。因此，我们看到的，也只是别人光鲜的那一面。

人们习惯于各种没有意义与价值的比较。一个单位的互相比较工资待遇，家长们互相比较孩子的成绩，婆婆们互相比较谁家的媳妇贤惠。人又有妒性，有时候越比越气，越比越不如意，为什么别人家的孩子总是那么听话啊？为什么别人家的家长总是那么通情达理啊？为什么人家就过得顺顺畅畅啊？在比较中，在对别人的羡慕中，我们甚至会失去自我，导致脾气暴躁，使得原本好的人际关系越发紧张。其实，这个世界上许多我们羡慕的事物，都只是表象而已。

难道这个世界上就没有真心值得我们羡慕的人了吗？

当然有！而且大有人在！可是我们不应该仅仅羡慕那些人得到的比我们多，享受得比我们多。我们更应该体会他们是如何奋斗，背地里付出了多大的艰辛与汗水，才能达到今天的位置。

人，都有向往美好的心理，期望可以活得更加精彩，这是人之常情。可是，我们却常常没有换个角度看问题，或者没有将表面的现象看得更加深入，这个世界上没有两片一模一样的树叶，每个人的环境和心理世界都不尽相同。但是我们可以掌握某些客观规律，通过观察别人的长处来修正自己的短处，通过奋斗来得到幸福的人生。与其牛气哄哄地羡慕自己认识什么人，不如借鉴别人努力的过程让自己成为那样的人。

浮于表面的羡慕与攀比，只会让自己整天活在他人的影子里。甚至会在这种影子里越发自卑、越发愤怒，最后转化为一种仇恨，转化成一种不良的社会风气。在这个信息发达的网络世界里，我们经常可以看见这样的新闻，某某人因为仇富而报复社会，某某人又因为嫉妒而毒害同学……

2013年7月23日，党报刊出了一篇《与其羡慕别人“拼爹”，不如趁年轻好好奋斗》的文章而被各大媒体转载：

又是一年毕业季。今年的毕业季，似乎多了些牢骚。一毕业就面临着“就业难”“高房价”“裸婚”等现实难题，确实让当代青年背负了太重的负担。

于是，有人重弹“出身论”的老调：“出生决定出路”“拼搏不如拼爹”；有人鼓吹“读书无用论”：“学得好不如嫁得好”“学好数理化，不如有个好爸爸”；甚而有人抛出“长相论”：“长得好看的人才有青春”！这竟然引得无数网友跟风。大呼“中枪”，呼喊着“这是多么痛的领悟”！

青春，本该是热血拼搏、永不服输的，所谓“十年饮冰，难凉热血”，年轻是冲锋陷阵的资本。然而，一些言论却劝诱年轻人早早缴械投降，或者躺在父辈的功劳簿上睡大觉，岂不是咄咄怪事！

如果依靠拼爹，陈嘉庚自可守着父亲的米店过着舒适惬意的生活，陈景润大可在战乱年代托父亲关系谋一份在邮局的稳定差事……

如果依赖拼爹，身为保安的甘相伟恐怕只能躺在床上做做北大梦，棉纺厂工人张艺谋也许只能在下班后落寞地艳羡别人拍的电影……

但因为这些人有梦想，不甘心，敢拼搏，所以人生从此与众不同。

“如果总认为别人抓住机会，是因为他有什么社会关系，是因为世道太黑暗，那么我这辈子肯定不可能坐在这里。”新东方总裁俞敏洪如是说。总有年轻人抱怨自己没有资本、关系、机遇，却不愿反思自己是否把时间都浪费在看肥皂剧、刷没有营养的微博、在淘宝“血拼”或者通宵打游戏上。没有一个富爸爸并不可怕，可怕的是以此为借口，丢了拼搏的勇气和斗志。

“无限风光在险峰。”人生要想达到一定的高度，就必须顶住风吹雨打，忍住腰酸背痛，不断攀登。“文王拘而演《周易》；仲尼厄而作《春秋》；屈原放逐，乃赋《离骚》；左丘失明，厥有《国语》。”受苦的时候，往往也是能力、功力提升最快的时候。“练武不练功，到老一身空。”像扎马步这样的基本功，练起来最苦，也最能锻炼人。这种苦，中老年人吃不消，只有年轻人能做到。所以，“苦”中，蕴含着对年轻人来说最独特的价值和机遇。

话说回来，其实说到“拼爹”，只要不违法乱纪，也是人之常情。不光中国，欧美发达国家一样“拼爹”。“父母之爱子，则为之计深远。”子女花父母的钱，父母利用自己的社会资源帮助子女发展，在哪个国家都合乎情理。但俗话说：“坐吃山空，立吃地陷。”含着金汤匙长大的孩子，要什么有什么，易于懈怠，如果不思进取，贪图享乐，一旦失去了荫庇，“其亡也忽焉”。中国人常说“富不过三代”，道理就在此。“打铁还需自身硬”，通过奋斗，才能把命运牢牢掌握在自己手里。

“牢骚太盛防肠断，风物长宜放眼量。”与其对别人拼爹“羡慕嫉妒恨”，不如趁年轻好好奋斗拼搏。莫等青春散场，才后悔来不及、回不去、得不到。

年轻人最大的问题是想得太多做得太少

有一个男孩子十分崇拜学者杨绛。高中快毕业的时候，他给杨绛写了一封长信，表达了自己对她的仰慕之情以及一些人生困惑。

杨绛回信了，男孩子激动地拆开信封，只见淡黄色的竖排红格信纸，毛笔字。除了寒暄和一些鼓励晚辈的句子外，信里其实只写了一句话，诚恳而不客气：

“你的问题主要在于读书不多而想得太多。”

一语惊醒梦中人。这位高中生的迷茫，是所有青年人的迷茫。尤其是刚刚毕业的大学生们，刚刚从象牙塔里走出来的时候，是最困惑、最不知何去何从的。几乎所有的年轻人都会遇到这样的问题，前路茫茫，从而对这个社会与眼前的世界充满了失望。好像努力蹦也只能跳那么高，何必花费不必要的精力与心思呢！许多年轻人，选择暮气沉沉地过日子，除了应付学习或者上班，其余时间就邋遢不堪，整天窝在房间里玩游戏、睡大觉，在玩游戏和睡大觉之余，偶尔得了点空闲的时间，就开始胡思乱想。想的也不过是哪个女孩漂亮，要是能追到手做女朋友就好了；或者是哪一家外卖好吃，下一次还点他们的；要么就是想哪个哥们儿太不够意思了，找了份那么好的工作居然都不请客吃饭！也会想着，时间一天天过去，青春如此短暂，一定要好好努力，在30岁之前，达到哪些人生目标……可是绝大多数的年轻人，就和那位高中生一样，只是想一想，年轻学生想了半天也没有看书，上班族想了半天也没有勇于在事业上投注更大的热情与创意。大家得过且过，一起玩游戏，一起吃吃睡睡，一起任房间里乱七八糟，最后就毕业了。一年一年过去了，很快青春不在了。

他们仍然说，想读书，可是哪里有时间？想做一件事情，可是哪有精力？他们宁愿将时间大把大把地用来思考，最后越思考越焦虑，越焦虑越不安，越不安越迷茫。最后，回到那个高中生的状态上去：最大的问题是想得太多而读书太少。或者也可以说：更多人最大的问题是想得太多而行动太少。

不止今天的杨绛先生，早在千年之前，荀子在《劝学》里就已提到：

“吾尝终日而思矣，不如须臾之所学也；吾尝跂而望矣，不如登高之博见也。登高而招，臂非加长也，而见者远；顺风而呼，声非加疾也，而闻者彰。假舆马者，非利足也，而致千里；假舟楫者，非能水也，而绝江河。君子性非异也，善假于物也。”

翻译成现在的白话文，就是：

“我曾经整天思索，却不如片刻学到的知识多；我曾经踮起脚远望，却不如登到高处看得广阔。登到高处招手，手臂并没有加长，可是别人在远处也能看见；顺着风呼叫，声音没有比原来加大，可是听的人却能听得很清楚。借助车马的人，并不是脚走得快，却可以行千里；借助船只的人，并不是能游水，却可以横渡江河。君子的本性跟一般人没什么不同，只是君子善于借助外物，善于学习罢了。”

其实，我们很多人，在痛苦的时候、迷茫的时候，都愿意承认：自己最大的问题是想得太多而读书太少、行动太少。而且，你有没有观察到，如今社会上越是家庭富裕的人家越是重视教育，越是小家小户往往越是觉得读书没什么用。富裕之家最注重后代的教育问题，是因为他们意识到，知识就是力量。这一种力量不一定是直接的金钱财富，但是可以充实人的心灵、丰富人的思维、改变人的气质，精神大富的人才是一个真正不贫瘠的人。

为什么年轻人容易迷茫？

因为青春最盛的时候也是精力最旺盛的时候，一个不读书又不去做事的人，就会坐在那里没完没了地想，并且他的想不是为接下来的行动做计划，而是盲目地任思绪飘到哪里算哪里。虽说人类偶尔需要这种盲目的思绪来放空自己的心情与大脑，但凡事都有度，沉溺在那个状态中就有问题了。而且，只是想想而已，或毫不费力地想想，正好迎合了人类懒惰的心理。并不富足的内心，并没有多少资源可以供来思考。不是每个人终日在那里想就能成为哲学家、思想家、文学家的，更多的人脑袋空空、心灵贫瘠，想来想去，都停留在一个很局限的范围内，越想越空，越想越烦，越想越焦躁。最后，焦躁得看不到人生的希望，就出现了开篇那一个高中生给杨绛的信里面所写长篇大论的迷茫了。

杨绛先生真是一针见血啊，让年轻人迷茫的原因往往只有一个：想得太多，行动太少。

有则寓言故事也是这样的：国王要招聘新厨师，有两个毛遂自荐的人报了名。评审官叫第一个厨师上来，厨师一上来就在评审官面前说炒菜的几个要点，怎样注意火候，以及很多关于厨技方面的知识，评审官示意这个厨师下去，并让第二个厨师上场。这个厨师一上场就对评审官说："您给我几十分钟，我将做一道菜，到时候您检验一下就知道好与坏了。"评审官没有让这个厨师做菜，而是马上选择了有真才实学的他，因为第一个厨师口头上说得那么好，但是他并没有用行动来证明，所以评审官知道第一个厨师是到宫殿中骗吃骗喝的小混混。

说得太多或者想得太多，就会让人成为思想的巨人、行为的矮子。这也便是今天年轻人的通病：想得太多，而读书太少、行动太少。

所以，与其在深夜辗转反侧地思考，不如翻身起来工作或学习。

与其在空虚里越想越垂头丧气，不如激情昂扬地投入奋斗之中！

机遇永远青睐有备而来者

在欧洲厄尔士山山脚下，有一个叫麦森的德国小镇，是闻名世界的“欧洲瓷都”。在这个著名的瓷都，有一个叫贝特格的传奇人物。

在30多年前，贝特格是麦森陶瓷厂的一个垃圾工人，负责将陶瓷厂里的废泥、废瓷器片等废料从厂里运到垃圾场。当时，麦森陶瓷厂完全靠着一位叫普塞的意大利技师和他的几个徒弟支撑。普塞是麦森陶瓷厂重金聘来的，月薪1万欧元。

普塞是一个个性非常强的技师，有一天，他因为跟厂方在工作方面有不同的见解而发生了激烈的争执，一怒之下带着自己的几个徒弟回到了意大利，并且发誓要让陶瓷厂倒闭。

唯一的技师走了，麦森陶瓷厂的管理阶层一团乱忙，停产一日损失巨大啊！他们七嘴八舌地议论着，有的建议赶紧去意大利向普塞赔礼道歉，并且再将薪水大大地提高。有的建议，如果普塞实在不肯来，就必须迅速招聘，并且要将招聘启事贴满意大利的任何一面小墙，反正要不顾一切地招到新的技师才能解决当下的燃眉之急。谁也没想到，正在气头上的普塞技师一心要看麦森陶瓷厂的笑话，根本不将加薪这件事情放在眼里，并且对意大利的同行大肆宣传，不要接受麦森陶瓷厂的聘用，否则你一定会后悔的！

麦森陶瓷厂看来要倒闭了。这时，一个叫贝特格的垃圾工人从人群里走出来，他说他想试一试。

领导们压根儿不把他当一回事，还嫌他来添乱呢！

可是贝特格不慌不忙，拿出一只从家里带来的花瓶说："这个是我自己烧制的，请各位好好看一看，它的质量跟咱们厂的产品相比，哪个更好？"在场的高管们看过花瓶后赞不绝口，怀疑地问："这花瓶真的是你自己亲手烧制的？"贝特格给予了肯定的回答。

这个默默干了近十年的垃圾工，每天都在偷学普塞技师的手艺。他痴迷陶瓷技艺，连厂方正式派去跟普塞技师学艺的工作人员都没能学会的东西，贝特格却早就烂熟于心了。

在场领导目瞪口呆地问贝特格："你有什么需要，尽管提出来。"

贝特格说："我现在的月工资是 20 欧元，能不能将我的月工资提高到 30 欧元？"他见领导没有回答，怕对方不答应，连忙解释道："我还做我的垃圾工，只是兼职做技师而已，因为我的母亲患有严重的哮喘病，每个月都需要服用 10 欧元的药物，而我的工资只够维持全家人每月的生活开销。"

麦森陶瓷厂领导说："你不用再干运垃圾的工作了，并且，从现在开始，你的月薪跟原来普塞一样，每月 1 万欧元。"

贝特格，一位普普通通的垃圾工，只是一心一意学心爱的陶瓷技术，压根儿没有想到自己有生之年能拿到那么高的工资。如今，麦森已成为德国的陶器重镇，而贝特格的名气也远远超过了意大利的任何一位顶级技师。

西方有位哲人曾经说过："有事情发生，便有机会存在。"中国古人说："凡事预则立，不预则废。"每一件事情的发生都潜藏着机会，但机会向来青睐那些有准备的人。

在这个世界上的任何一个人，想要突破现状，想要获得成功，想要争取机会，就要善于学习，不要因为暂时的不见起色而选择放弃。只有高瞻远瞩、不懈努力的人，才能在平凡的日子里不断成长。在机会来临的时候、在别人退缩或者众人一筹莫展的时候，才有机会像贝特格一样走上去，展现自己的才能，坦然迎接各种挑战和考验。

不要小看准备，不要小看默默无闻的努力，积水成渊，积土成山，任何大智慧都是小思考的积累，任何大成绩都是小成绩的汇合，任何大事业都是各种小事的达成与持续。准备工作，就是知识的积淀、力量的聚合和条件的创造。机遇当然会留给有准备的人，在台下练了十年功的人，当舞台上紧急缺主演的时候，才能自告奋勇一展舞姿。正如金庸小说里的绝世武功高手，在人人都不注意的时候默默地修炼武功，在有需要的时候才会叱咤风云让江湖众多高手惊叹。

没有风雨怎么见彩虹，没有人能够随随便便成功。我们不能期待每一滴汗水都有直接的回报，但是成功必然少不了昔日汗水的付出。邓亚萍曾经是中国乒乓球队的战将，但当初她曾因身高问题并不被很多人看好，甚至被怀疑。她也想过放弃，但她实在太热爱打乒乓球了，她相信兴趣是最好的老师，坚持下来一定会看到不一样的风景。于是，她日夜刻苦训练，付出了常人难以想象的努力，后来，她以出色的专业水准被选拔进国家队。在后来的比赛中，邓亚萍从国家队里脱颖而出，犹如一匹黑马冲出来，将一个又一个强大的对手击下去，并且多次荣登冠军宝座，创造了属于自己的辉煌。

所以，与其一味埋怨先天条件不好、社会不公，与其记恨命运的刁钻、惋惜已经失去的机遇，不如好好努力，时刻准备着，一切会水到渠成。成功的人比起一般的人来说，一定是更能吃苦耐劳，更努力、更勤奋的人，最重要的是他们做得比别人多。有的人说："成功是靠运气得来的。"但是，运气也许是成功的推动器，但它并不是决定成败的关键。成功是靠一点一滴积累起来的。要想获得成功，就需要比别人付出更多的努力、精力，每天无所事事、怠慢懒散的人是不会获得成功的。

有所成就的人付出了很多的努力和辛勤的汗水，为了达到自己的目标，早就做了各方面的积极准备，并且深思熟虑，精心筹划。他们一步一个脚印，坚持不懈，靠自己的勤奋与实力让量变累计达成生命的质变。就像大学毕业生找工作，有的人很快找到了令人羡慕的工作，有的人却奔波劳累难以如意。通过调查就会发现，那些很快找到合适工作的人，往往在学校期间已经为将来的工作做着准备，他们努力地学习专业知识，博览群书以增长见识，参加各种社会实践以提升自身的素质和能力。从入学开始他们就为自己的将来做好了积极的准备。而那些一毕业就失业的同学，往往在大学期间想尽办法逃课而在宿舍睡懒觉、玩游戏，将光阴白白地耗费掉，导致专业知识不精，社会实践能力也不行。

由此可见，机遇永远青睐有备而来者。

第五章 安逸重要还是奋斗重要

一生的时间是这样有限，倏忽之间，头发就白了，如果不曾奋斗过，只是眼睁睁地看着别人成功，竖起耳朵听别人的成功经验，然后结合自身冥思苦想，希望从中找到一个最适合自己且最安全、最可靠的进取方法，到头来只能白白浪费了时间。在最能吃苦的年纪虚度青春，暂时的安逸换来的将是终生的后悔。

青春来自奔腾的热血

有一对兄弟，他们的家住在80层楼上。有一天，他们外出旅行回家，发现大楼停电了！虽然他们背着大包的行李，但看来没有什么别的选择，哥哥对弟弟说，我们就爬楼梯上去吧！他们背着两大包行李开始爬楼梯。爬到20楼的时候他们累了，哥哥说："包包太重了，不如这样吧，我们把包包放在这里，等来电后坐电梯来拿。"于是，他们把行李放在了20楼，真的轻松多了，于是继续向上爬。

他们有说有笑地爬到了40楼，实在累得不行了。想到才爬了一半，两人都泄气了，开始互相埋怨，弟弟指责哥哥不注意大楼的停电公告，哥哥指责弟弟只顾自己才会落得如此下场。他们边吵边爬，就这样一直爬到了60楼。到了60楼，他们累得连吵架的力气也没有了。弟弟对哥哥说："我们不要吵了，爬完它吧。"于是他们默默地继续爬楼，终于到了80楼！兴奋地来到家门口的兄弟俩这才发现，他们的钥匙留在了20楼的包包里了。

有人说，这个故事其实反映了我们的人生：20岁之前，我们活在家人、老师的期望之下，背负着很多的压力、包袱，自己也不够成熟、能力也不足，因此步履难免不稳。20岁之后，没有了众人的压力，也卸下了包袱，开始全力以赴地追求自己的梦想，就这样愉快地过了20年。可是到了40岁，发现青春已逝，不免产生许多的遗憾和懊悔，于是开始抱怨这个、嫉恨那个，就这样在抱怨中度过了20年。到了60岁，发现人生已所剩不多，于是告诉自己不要再抱怨了，就珍惜剩下的日子吧！于是默默地走完了自己的余年。到了生命的尽头，才想起自己好像有什么事情没有完成，原来，我们所有的梦想都留在了20岁的青春岁月。

青春——一个放在大时代就能掀起集体感伤的词汇，不管是已经白发苍苍的老人还是意气风发的少年，提到这两个字都满是激动。谁都有过那样的20岁，那样不顾一切地对未来充满憧憬的稚嫩年华。可并非谁的20岁梦想最后都能成真。也不是所有人的青春都能超越20岁的年龄，延续10年、20年甚至终生。可是总有一种人，会以行动证明，青春，是奔腾的血液，是永不枯萎的生命之花……

1984年，马云花了九牛二虎之力才考入杭州师范大学外语系——其实，他的成绩只够专科线，但碰巧那一年本科没有招满，于是马云幸运地进去了。在大学期间，他积极参加各种学生活动，热心勇敢，并当选了学生会主席。

毕业后，马云在杭州电子工业学院教书。1991年，马云和朋友成立了海博翻译社，试图投身商界。结果第一个月收入才700元，而房租就花了2000元，大家都拿这事儿当笑话。

马云没有泄气，他相信，一个人只要坚持，在这个好时代，一定会有理想结果的。就这样，他一个人背着大麻袋到义乌、广州去进货，翻译社开始卖礼品、鲜花，以最原始的小商品买卖来维持运转。两年过去了，翻译社没有倒闭，他还组织了杭州第一个英语角。如今，马云当初所办的海博翻译社已经成为浙江省最大的翻译社了。

初次下海的体验让马云意识到：真正想赚钱的人必须把钱看轻，如果脑子里老是钱的话，一定不可能赚钱的。

1995 年初，马云因一次偶然的机会接触到了互联网。当时，网上没有任何关于中国的资料，出于好奇的马云请人做了一个自己翻译社的网页，没想到，3 个小时就收到了 4 封邮件。这大大鼓舞了他，他决定做一个网站，把国内的企业资料收集起来放到网上向全世界发布。

当时，马云已经 30 岁了，他被评为“杭州十大杰出青年教师”，校长还许诺他外办主任的位置。在原来的职场做下去，马云前途一片光明，一旦放弃，后果难料。但是马云放弃了一切，毅然为了互联网梦想而下海了。

这需要多大的勇气，搞不好就会前功尽弃、一事无成！马云的行为，自然得不到亲朋好友的支持，他们认为他太过好高骛远。

1995 年 4 月，马云凑了两万块钱创立了公司，专门给企业做主页的“海博网络”公司就这样开张了，网站取名“中国黄页”，是中国最早的互联网公司之一。

3 个月后，临近杭州的上海正式开通互联网，马云的业务量激增。不到 3 年，马云赚了 500 万元利润。1997 年，马云建立了外经贸部官方网站、网上中国商品交易市场、网上中国技术出口交易会、中国招商、网上广交会、中国外经贸等一系列国家级站点。

1999年初，马云返回杭州，进行二次创业。这一次，他决定反其道而行之，在众多公司只做大企业生意时，他弃鲸鱼而抓虾米，放弃那15%的大企业，只做85%的中小企业的生意。

1999年9月，阿里巴巴网站横空出世。

1999年底，马云以6分钟的讲述获得有“网络风向标”之称的软银老总孙正义的赏识，并获得了孙正义3500万美元的投资。果然，马云没有让孙正义失望：创业当年，阿里巴巴的会员就达到8.9万个；2000年，达到50万个；在互联网最差的时候，阿里巴巴成为最早宣布赢利的“.com”之一，并被哈佛、斯坦福等著名商学院选为案例，连续4年被《福布斯》评为“全球最佳电子商务站点”第一名。

马云曾立下志愿：“2004年，我们要实现每天利润100万；2005年，我们要每天缴税100万。”

这看似狂妄的话，实际是公司内部正在执行的目标。而今，49岁的马云已经拥有218亿美元净资产，成为中国首富，而且马云的财富还在不断地增长。从同日公布的阿里二季度财报显示，阿里巴巴无论营收还是利润都在高速增长，小微金融业务也成长迅猛。众人都在感叹马云创业成绩惊人的同时，马云早将过去众人对他的偏见、打压弃之脑后，奔向更加宏伟的创业目标。

塞缪尔·厄尔曼曾经说：青春不是年华，而是心态；青春不是粉面、红唇、柔膝，而是坚强的意志，恢宏的想象，炙热的恋情；青春是生命深泉的自在奔流。

青春气贯长虹，勇锐盖过怯弱，进取压倒苟安。如此锐气，

20 岁的后生有之，六旬的男子则更多见。年岁有加，并非垂老；理想丢弃，方堕暮年。

岁月悠悠，衰微只及肌肤；热忱抛却，颓废必致灵魂。忧烦、惶恐、丧失自信，定使心灵扭曲、意气如灰。

无论年届花甲，抑或二八芳龄，心中皆有生命之欢乐，好奇之冲动，孩童般天真久盛不衰。你我心中都有一台天线，只要你从天上人间接受美好、希望、欢乐、勇气和力量的信号，你就会青春永驻，风华常存。

一旦天线落下，锐气便被冰雪覆盖，玩世不恭、自暴自弃顺势而生，即使年方 20，也会垂垂老矣；然而，只要竖起天线，捕捉乐观信号，即使 80 高龄，行将告别尘寰，你也会觉得年轻依旧，希望永存。

青春该如是——热血永奔腾。

生于忧患　死于安乐

任何一个有抱负有理想的人，当他得过且过，随波逐流时，内心其实是不安的。我们常常被这样的话打动，比如：无法安放的青春。

是啊，青春——怎能当做一个标本静静偷藏在时光里然后一声不吭地消失褪色呢？人们往往怎样折腾都不够，谁都知道花朵终有凋零的那一天。这也是为什么，很多人下定决心开始做一件事情，为自己找的理由往往是：哪怕失败，老了也没有遗憾。

所谓“不留遗憾”——为的不过心安。

这世界上任何事物都是相对的，过着一成不变自己并不十分渴望的生活的人，表面上过得安乐，不用承担风险，但因为内心有憧憬，却未曾为之拼搏过，其实又是不安的。相反，那些一直在路上的人，那些为心中的梦而倔强前行的人，往往心里十分宁静。在人生道路的尽头，因为怯弱不敢打破原有生活轨道、随大流的人，生活只要出现一个小的浪头，就能被击打得晕头转向。而命运的探险者们，早就习惯了各种风浪，有着顽强的生命力与必胜的决心，靠着一股精神的力量，最后终能赢得命运之神的青睐。

中国有句老话。“生于忧患，死于安乐”，说的就是这个道理。

后唐庄宗李存勖称帝后，认为父亲的大仇已经报了，中原也安定下来了，从此可以高枕无忧了，于是不再考虑边防大计，日日沉溺于享受之中。他从小就喜欢看戏，即位之后，将文武百官的奏折扔在一边，却常常自己面涂粉墨，穿上戏装，登台表演，还给自己取了个艺名为“李天下”。

有一次，李存勖自己化好妆上台演戏，连喊了两声“李天下”。旁边一个伶人走上去扇了他一个耳光，周围人都吓得出了一身冷汗。李存勖勃然大怒，问为什么打他，伶人谄媚地说：“‘李’（理）天下的只有皇帝一人，你叫了两声，还有一人是谁呢？”李存勖听了不仅没有责罚他，反而哈哈大笑起来，并对那个伶人大加赏赐。伶人因为有皇帝撑腰，从此更加肆无忌惮起来，有时候和皇帝打打闹闹，有时候戏弄朝臣。大官们都认为不成体统，可是敢怒不敢言。而一些心术不正的朝官和藩镇为了求伶人在皇帝面前美言几句，争着送礼奉承他。伶人贪图钱财，就将他们的话说给李存勖听……

后来，李存勖用伶人做耳目，去打听群臣的言行。后又将伶人封为刺史，就连战功赫赫的将士也比不上他的荣宠。他还下令召集在各地的原唐宫太监，把他们作为心腹。担任宫中各执事和诸镇的监军。身经百战的将领们被宦官们监视，个个倍感屈辱，而读书人也因此断了进身之路。李存勖习惯了寻欢作乐，行为越来越荒诞不羁，后来甚至派伶人、宦官抢民女入宫。有一次，竟抢了驻守魏州将士们的妻女1000多人，导致众叛亲离，怨声四起。最后，伶人郭从谦趁军队都调到城外候命之机发动兵变，带着叛乱的士兵乱杀乱砍，火烧兴教门，趁火势杀入宫内。而李存勖早就丧失了带兵抗敌于危机之中的能力，在一片混乱中被乱箭射死。

其实，何止一个国家，就是我们个人，也逃不出这一条规则。宝剑锋从磨砺出，过于安乐，往往让人丧失意志，贪图眼前享受，耳不再聪，目不再明，感觉也不再如时常磨炼的人灵敏。同样的一把刀，放久了的那把自然会钝化，而经常磨砺那把则快如闪电。

逆境锻炼人的意志，激醒人的智慧，而安逸优越的环境却消磨人的意志，使人在舒适中忽略潜在的危险，丧失进取心，最后啥也干不成。就如身为皇帝的李存勖在安逸之时沉溺调笑酒色，最终自掘坟墓，国破家亡。

我们小时候都听老师说过这样一个实验，科学家将青蛙投入已经煮沸的水中时，青蛙因受不了突如其来的高温刺激而立即奋力从开水中跳出来得以成功逃生。当科学家把青蛙先放入装有冷水的容器中，然后再加热时，结果就不一样了。青蛙在舒适的温水中悠然自得，但当青蛙发现无法忍受高温时，已经心有余而力不足了，于是被煮死在热水中。

多少在安逸中丧失生命斗志的人都如这只温水里的青蛙啊。为什么我们一定要对苦难绕道而行，而不是勇于征服那一座座高峰而让生命的价值升华到另一个境界呢？

苏东坡，我国宋朝著名词人，因王安石改革一事，被有些人指控为“讥刺朝政”“包藏祸心”，而遭到改革派的迫害，差点一命呜呼。后来，苏东坡被贬谪，受尽世态炎凉，然而从未放弃过对生命的热望和对光明的向往，甚至写下了更多词作。1085年宋神宗病逝后，高太后摄政。高太后因为不满新法，起用旧党。苏东坡被调回京城，任中书舍人、翰林学士、知制诰等职，苏东坡对暴露出的腐败现象进行了严厉抨击，激起了一群保守派的仇恨，再次遭诬告陷害。1089年，苏东坡再次被贬出京，出任杭州知府。1093年，高太后去世，哲宗执政，第二年夏，苏东坡被贬得更远，贬为宁远军节度副使，定居惠州，一代文豪晚年过着流放生活……

然而，苏轼大部分被传颂的名作，都是在被贬时写出的。如：词作《念奴娇·赤壁怀古》，散文《篔谷偃记》《方山子传》《记承天寺夜游》以及前后《赤壁赋》等。

在忧患之中能体验深刻的生命，忧患能激活生存的毅力，让人明白生命的可贵。在忧患之中的拼搏者，往往能成就最辉煌的人生。伟大作家巴尔扎克写出了世界名著《人间喜剧》，他曾这样概括自己的人生：“生命都在痛苦和贫困中度过，经常不为人理解。”巴尔扎克自幼缺失家庭温暖，他说自己经历过人的命运中所遭受的最可怕的童年，并且从来都不知道什么是母爱。在他的葬礼上，一代文豪雨果这样致辞——

各位先生：

方才入土的人是属于那些有公众悲痛送殡的人。在今天，一切虚构都消失了。从今以后，众目仰望的不是统治人物，而是思维人物。一位思维人物不存在了，举国为之震动。今天，人民哀悼的，是死了有才的人；国家哀悼的，是死了有天才的人。

各位先生，巴尔扎克的名字将打入我们的时代，给未来留下光辉的线路。

巴尔扎克先生参与了19世纪以来在拿破仑之后的强有力的作家一代，正如17世纪一群显赫的作家，涌现在黎希留之后一样，就像文化发展中，出现了一种规律，促使精神统治者继承了武力统治者一样。

在最伟大的人物中间，巴尔扎克是第一等的人；在最优秀的人物中间，巴尔扎克是最高的一个。他的理智是壮丽的、颖特的，成就不是眼下说得尽的。他的全部书仅仅形成了一本书：一本有生命的、有光亮的、深刻的书，我们在这里看见我们的整个现代文化走动、来去，带着我说不清楚的、和现实打成一片的惊惶与恐怖的感觉。一部了不起的书，他题作喜剧，其实就是题作历史也没有什么，这里有一切形式与一切风格，超过塔席特，上溯到徐艾陶诺，经过博马舍，上溯到拉伯雷；一部又是观察又是想象的书，这里有大量的真实、亲切、家常、琐碎、粗鄙，但是骤然之间现实的帷幕撕开了，留下一条宽缝，立时露出最阴沉和最悲壮的理想。

愿意也罢、不愿意也罢，同意也罢、不同意也罢，这部庞大而又奇特的作品的作者，就在自己不知道的时候，加入了革命作家的强大的行列。巴尔扎克笔直地奔到目的地，抓住了现代社会肉搏。他从各方面揪过来一些东西，有虚象，有希望，有呼喊，有假面具。他发掘恶习，解剖热情。他探索人、灵魂、内心、脏腑、头脑与各个人的深渊。巴尔扎克由于他天赋的自由而又强壮的本性，由于理智在我们的时代所具有的特权，身经革命的他，更看出了什么是人类的末日，也更了解了什么是天意，于是面带微笑，心胸爽朗，摆脱开了那些令人望而生畏的研究，不像莫里哀，陷入忧郁，也不像卢梭，起憎世之心。

这就是他在我们中间的工作。这就是他给我们留下来的作品——高大而又坚固的作品！从今以后，他的声名在作品的项尖熠熠发光。伟大人物给自己安装座子，未来负起放雕像的责任。

他的去世惊呆了巴黎。他回到法兰西有几个月了。他觉得自己快要死了，希望再看一眼祖国，就像一个人出远门之前，要吻抱一下自己的亲娘一样。

他的一生是短促的，然而也是饱满的；作品比岁月还多。

这强有力的、永不疲倦的工作者，这哲学家，这思想家，这诗人，这天才，在我们中间，过着暴风雨般的生活，充满了斗争、争吵、战斗——一切伟大人物在每一个时代遭逢的生活。今天，他安息了。他走出了纷呶与仇恨。他在同一天步入了光荣，也步入了坟墓。从今以后，他和祖国的星星在一起，熠耀于我们上空的云层之上……

几人能想到，这位雨果先生口中获得举世成就的人，竟终身活在忧患之中。从1819年夏天起，巴尔扎克整天在一间极小的阁楼里伏案写作。那阁楼里，夏天热得要命，冬天冷得刺骨，但他不停地写。在与书商打交道时不断受骗，导致他负债累累，债务高达10万法郎，为了躲债而多次迁居。

他对兄弟姐妹说："我经常为一点面包、蜡烛和纸张发愁。债主迫害我像迫害兔子一样。我常像兔子一样四处奔跑。"

可是，忧患造就了一位伟大的文学家，给世人留下了无价的宝藏。

痛苦中体验深刻人生

据说，杨贵妃生前喜欢用香，去世八年之后，高力士拿出杨贵妃曾经遗失的一条丝巾献给唐明皇。皇帝一闻，果然是那熟悉的气味，念及物是人非，不禁老泪纵横。

到底是什么顶级香料，时隔八年而气味不散呢？

龙涎香。

龙涎香极为名贵，其留香性和持久性比"香中之王"麝香还要出色，被人们喻为“天香”“香料之王”。

在古代，人们认为这种稀世珍宝是龙的唾液凝结而成的。实际上，谁能想到，龙涎香是抹香鲸的排泄物？又有谁能想象得到，这种排泄物当初不仅没有任何香气，还奇臭无比，令人难以忍受？

抹香鲸最爱吃的食物是章鱼，章鱼这类动物体内具有无比坚硬、难以消化的“角喙”，如果直接将这些“角喙”排泄出来，会伤害抹香鲸的肠道。在众多的海洋生物里，抹香鲸不肯放弃自己的口味，它们的胃在痛苦中挣扎，经过长期的进化，不仅适应了大口吞食美食的方式，它们的胆囊还创造性地分泌出大量物质，这些物质名叫胆固醇，在胃里将这些“角喙”团团裹住，久而久之，形成举世罕见的龙涎香，再通过肠道排泄出来。

龙涎香的诞生，是在痛苦与孤独的摩擦中渐渐修炼而成的。在无数次海浪冲刷下、烈日暴晒下，恶臭渐渐淡化，香气渐渐散发，再在空气的催化下，香气越来越浓烈，颜色也由当初最丑陋的脏乎乎的黑色渐渐蜕变成灰色、浅灰色，最后成为莹洁如玉的白色，至为尊贵，至为夺目，价值连城。

深深的海水里，那些黑暗、孤独的光阴，是龙涎香诞生所不可分割的一部分。如果没有上百年的痛苦打磨，历尽沧桑，龙涎香又怎会有它的殿堂上令人炫目香气四溢？

自然界里关于在痛苦中华丽蜕变的事例不计其数，苍鹰也是其中一种。

据说，苍鹰的生命是有两次的，一次为40年，另一次为30年。

但并不是所有苍鹰都有机会跨越完第一次生命后能成功地获得第二个30年。绝大部分苍鹰到了四十年将近的时候就已经老得形貌崩塌、臃肿迟钝，爪不如前利，眼不如前明。如果苍鹰俯首认命，在这样的状态里过一天算一天，那么顶多再拖延几年就死去了。但是，也有一部分苍鹰，因不甘忍受自己渐渐老去，就用自己的喙猛力地击啄石头，直到旧喙片片脱落，之后静待奇迹出现——新喙会慢慢生长出来！苍鹰再用新喙将双爪上的老皮击啄干净。这种痛苦是巨大的，可是它们忍耐下来，奇迹又出现了——老皮被啄净后，新皮诞生了，再生的利瓜甚至比以前更加粗壮凶猛！苍鹰用这双凶猛的利爪疯狂地把自己身上老旧的羽毛全部撕扯下来，过了一段时间，奇迹再度发生——在残虐自我的过程中，苍鹰忍受血肉横飞的代价，新的毛发又全部诞生了！

就如凤凰浴火重生一样，苍鹰在痛苦之火的炙烤下获得了新生的生命。新生后的苍鹰，比过去，更加凶猛强健！

海里的龙涎香、空中的苍鹰尚且要浴火方能重生，陆地上的高等生物——人，面临着各种复杂境遇，饱受摧折与考验，就再正常不过了。

感情丰富的人，面临的痛苦要比低等动物多得多。

在竞争激烈的社会中，我们总有感到自己心有余而力不足的时候；在日复一日的疲乏与单调里，总有找不到活着的意义的时候；也总有不被认可或被打压得走不过去的时候……此时，人们对眼前的世界产生了怀疑，也对自己产生了怀疑。

好在人是有梦想的，是有情感意志与自我选择的。在极为孤独与黑暗的痛苦中，我们沉淀下来重新捋一捋走过的人生，终究会发现，生命只要继续下去，就没有任何坎坷是过不去的，再难熬的黑夜过后也会等来早晨升起的太阳。走不下去的时候，需要的只是再多一点的坚持。想想苍鹰对自己的凶狠，它不堪忍受衰老与颓丧，宁可接受无比的痛苦，而正是这些暂时的痛苦给了它重生的机会。我们也需要在痛苦中等待和坚持，以使生命脱胎换骨。

柴静说："没有深夜痛哭过的人不配谈人生。"

人生的许多体会都稍纵即逝，幸福和欢笑朦朦胧胧如蜻蜓点水，而受过的伤、碰过的坎，却格外深地刻印在心头。在青春不再的时候，在夜深人静的时候，在似曾相识的时候，还能触景生情般地被想起。而那些幸福的感觉，往往产生于肤浅的欲望得到实现的时刻——这一切，早就被时光抹平。

欲望是没有止境的，一种欲望得到满足，另一种欲望又会催生出来。在欲望的深沟大壑里，永远都有填不满的烦恼。幸福与快乐都是易于满足的人在欲望得到满足那一刻的感受。而在说长不长、说短又不算短的人生长河里，又怎么可能所有欲望都能一一得到满足呢？即使是一个自称很幸福的人，也要担心他的幸福什么时候会偷偷溜走，他要拼尽一切来保全和守卫他好不容易得来的一切。

中国人习惯"未雨绸缪"，因为老祖宗说"人无远虑，必有近忧"。在中国人的生存哲学里，没有"一劳永逸"的幸福感。列夫·托尔斯泰在《安娜·卡列尼娜》里说："幸福的家庭大抵相似，而不幸的家庭各有各的不幸。"人生体验也是如此：人们对于幸福的体验大多相似，而对于痛苦的体验就各不相同。

因为痛苦本身就是丰富的，痛苦让人冷静，冷静下来又适宜思考人生，而能思考人生的人才算得上是一个真正意义上的人。

简单的愉悦与满足，这些感觉低级动物也有。唯有痛苦，唯有在痛苦面前，人类思考时间流逝、宇宙空茫、活着艰难、善良难得，真实的人性才有无限的可能。痛苦能使人成为一个完整的人，能激发人的斗志，调动人的情感——意志、回忆、宽恕、怜悯……

就是在痛苦中，那种不受待见，被视为废物的排泄物居然成为莹润尊贵的龙涎香；就是在痛苦中，早就行将就木的苍鹰居然重新获得了30年的强健生命。龙涎香是高贵的，苍鹰也是高贵的。生命本身便是高贵，而它们在痛苦中新生的经历让它们的存在更加高贵。

生命的价值在于奋斗

有一个外国女孩，从小梦想成为一名主持人。长大后，她积极投身于主持事业，可是她的梦想屡屡被人否定，职业生涯刚刚开始，就遭遇了18次辞退。

起先，她想到美国大陆无线电台工作。可电台负责人认为，如果是男性主持人来主持这档节目，也许会更吸引听众。

她离开纽约，来到了波多黎各，希望这个城市会给自己带来好运气。可她不懂西班牙语，要做一名出色的主持人，哪里有不懂语言的道理？她花了整整三年时间去熟悉一个全新的语言。在波多黎各，她唯一重要的一次采访，是一家通讯社委托她到多米尼加共和国去采访暴乱，但差旅费得她自己解决，通讯社不予报销。

她从来不曾放弃过希望，不停地找工作，不停地被辞掉。屡败屡战，屡战屡败。即使电视台指责她压根儿不知道什么叫主持，不配吃这碗饭，她仍没有放弃。

1981 年，她回到纽约，重新找了一份主持工作，还是很快被辞退了。有人说，她老气横秋跟不上这个时代；有人说，她主持风格有问题，无法吸引观众。接下来整整一年，她都处于失业状态。她向一位国家广播公司的职员推销自己的倾谈节目策划，这个职员好不容易同意了她的方案，却又由于各种原因马上离开了广播公司。她只好向另外一位职员推销她的策划方案。一开始这位职员还能听下去，后来突然对此不感兴趣了……她没有泄气，接着找到第三位职员，要求他雇用她。这个人同意了，但是却不同意搞倾谈节目，而是让她搞一个政治主题节目。他认为政治主题节目的观众更多。

政治？那是一个完全陌生的领域。但好不容易有人愿意雇用她了，她不想失去这份工作，只得迎难而上，硬着头皮恶补政治知识。

她做了大量的准备工作。1982 年夏天，她主持的以政治为内容的节目终于开播了，只见她以娴熟的主持技巧和平易近人的风格，让听众打进电话讨论国家的政治活动，包括总统大选。

这样的主持方式在美国史无前例！

一夜之间，她的名字被全美国人知道了，她的节目成了全美国最受欢迎的政治节目。

她叫莎莉·拉斐尔。现在的身份是美国一家自办电视台的节目主持人，曾两度获全美主持人大奖。每天有800万观众收看她主持的节目。在美国的新闻主持界，有人盛赞她就是一座金矿，因为她无论到哪家电视台、电台，都会带来巨额的收益。

莎莉·拉斐尔说："在那段时间里，平均每1.5年，我就被人辞退1次，有些时候，我认为我这辈子完了。但我相信，上帝只掌握了我的一半。"

上帝只掌握了一半的命运决定权，而另一半是由什么决定呢?

我想大家都明白了——没错。是奋斗。

这个时代的竞争，是残酷而激烈的。任何一个人，若还想着取得一定的成绩，就绝对不能停下奋斗的脚步。因为你懈怠打盹儿的时候，旁边已有无数人超越了你。人都有惰性，有太多太多人以"知足者常乐""过得过去就好"为借口，失去进取心，最终被大众同化，想奋斗也提不起精神来，最后归结为自己能力不够，而心甘情愿地被时代淘汰。

一位哲学家说过，生存是一种伟大的使命，每一个人都不是"法定幸运的人"。生命的价值在于奋斗，奋斗使生命更有力量。一个幸运的人应该是经过奋斗为社会作出贡献的人。

我们每个人，一旦步入社会，就承担了或大或小的社会责任。我们在人生舞台上演绎着各种角色，每一个角色都有自己特定的生命轨迹。风中翻飞的白蝴蝶与碎纸片有时候看上去何其相似，但是白蝴蝶有生命，而碎纸片没有生命。生命的力量在于不顺从，在风中挣扎的蝴蝶与随风飘荡的碎纸片，自然是有着天壤之别。因为白蝴蝶与风奋斗，它是有生命价值的。

任何一种光鲜亮丽的辉煌背后，都掩藏着许多鲜为人知的艰难的奋斗史。居里夫人半生清贫，命运坎坷，幼年丧母，中年失夫，晚年始终被流言和疾病折磨，一生都在与命运做着不屈不挠的斗争。海伦·凯勒，自幼双目失明、双耳失聪，她挑战生命极限学会了说话，还考入了最高学府哈佛大学，用 11 年时间完成大学学业，毕业后为残疾人的幸福而奋斗终生。

如今的社会，现代科技的迅速发展，缩小了地球的时空距离。国际交往越来越频繁便利，整个地球就如同茫茫宇宙中的一个小村落。和平与安逸让许多人失去了前进动力与奋斗目标。许多人一味贪图享受与攀比，虚荣心膨胀，进入社会很多年了还在“啃老”。如果所有人都懒懒散散，过一天算一天，那么这个社会迟早会出大问题。今天的和平是过去的勇士用鲜血拼搏、奋斗得来的，我们不一定要以特别高尚的理由去要求自己，但起码应该做到为了自己的理想而奋斗。医生为了他的医学事业奋斗，教师为了他的教学事业奋斗，学生为了他的学业奋斗……如果奋斗的人占了绝大多数，那么这个社会会更加文明、可爱。

生命是神奇的，生命又是渺小的。地球上有生命的物种不计其数，而上天独给了人类最复杂的大脑，最富涵养的心灵，最崇高的奋斗目标。人生原本平淡无奇，却因奋斗而将生命渲染得愈加绚烂多彩。我们只有保持奋斗的姿态，才能让生命更加光彩夺目。

第六章 为什么那么多人同运却不同命

经常看到许多人沉溺在沮丧与怨愤里，他们认为别人的成就是由于有个好起点，一开始就赢在了起跑线上。他们憎恨社会不公平，资源分配不均衡，自己出身太差。实际上，掌握在自己手中的才是命运。古往今来，无数人同运而不同命。通过他们的人生我们可以悟出，一个人的成就与起点没有关系。

你的成就无关起点高低

一个朋友说，不管他怎么努力都没有用，因为他的人生就是个悲剧：

自幼失去父亲，靠母亲给人做保洁艰难过活；学习不怎么好，勉强上了个专科，读了个不痛不痒的电脑技术专业；长得普普通通，个子矮小，看到心爱的女孩子也不敢追。

他说，起点实在太低了，命呗，有什么办法？

他心甘情愿地做着毫无兴趣的工作，拿着微薄的薪水。他一直羡慕别人有良好的家庭与背景，抱怨自己刚出生就输在了起跑线上。

生活里像他这样因为自认为起点太低便放弃了努力的人很多。

为什么不静下心来好好想想，人生有无限多的可能，只要敢于奋斗、拼搏，每一种可能都有希望通向心中的大罗马！

光坐在那儿等，天上是不会掉馅饼下来的。先天条件只能决定一部分，越是起点低的人，越该对现实有明确的认知与远大的计划，越该比一般人更加懂得奋斗和付出的价值。

真正的命运把握权是紧紧攥在自己手中的。谁生下来就是大文豪或总统呢？谁不通过努力就能成为业界精英、亿万富豪呢？几乎所有强者，都曾经处于弱势地位，所有身居要职的人，都做过最卑微的工作。就如春秋时期的大教育家孔子，三岁丧父，由母亲一人抚养长大，长大后一开始也是做饲养牛羊与算账的帮工，但是孔子从来没有妄自菲薄过，饲养牛羊就好好饲养牛羊，算账就算清楚每毫每厘的账，在战火纷飞的乱世，他带着弟子们坐着牛车，艰难走过曲折不平的泥泞路，一个国家又一个国家地宣传自己的道义。

而那位抱怨自己起点太低的朋友，他想干一番事业，想收获令人瞩目的成功，可他认为做生意需要本金，干事业需要学历，收获成功需要人脉，这些他都没有，因此彻底丧失了信心，宁可颓废度日。难道本金会从天上掉下来吗？学历是无缘无故领到手的吗？人脉是天生聚拢在一起的吗？毋庸置疑，确实有那样的幸运儿，出生即含着金钥匙从小带他出去见识各种大小场面，积攒丰富的人脉资源，并提供雄厚的资金让他创业，可那样的人，才占了成功人士里的多大比例呢？

现实里，许多民营企业家的起点都非常低，浙江万向集团主席曾经打过铁；横店集团董事长、雅戈尔集团总裁都是农民出身；中国德力西集团董事局主席兼总裁，曾是一介裁缝；人民电器集团董事长，13 岁打鱼养家，17 岁时改行打铁，后来还当过工人；奥克斯集团董事长，曾是一名汽车修理工；华立集团董事局主席，曾是丝厂临时工；佳能公司的开创者，第一份工作是北海道大学附属医院妇产科助理……

这些事业有成的大老板，都是从最卑微的工作开始干起。在生活的最底层，他们从来没有放弃过人生的希望与奋斗的目标。他们没有直接通向成功的秘诀，靠的是一步一个脚印，靠得是勤奋与汗水。在毫不起眼的工作中，他们以小见大，从中琢磨出更多的处世哲学与成功策略。也正因为起点低，吃过苦，在做一番事业时才更加有韧性和耐力。世界上许许多多各行各业的成功者中，没有人能一步登天。

他们出身平凡，没有骄傲的家庭背景，没有通向成功的直达“电梯”，只能靠着坚定的志气和不变的信念爬命运的楼梯，一步一步爬向心中向往的终点。他们吃了常人难吃之苦，通向了常人难去的高度，最终成功了。

放眼看去，明朝皇帝朱元璋曾经是乞丐，《三国演义》里的刘备曾经因生活所迫与娘亲一起上街卖草鞋，林肯出身贫寒，历尽种种挫折直到 40 多岁才当选总统……毋庸置疑，这样的例子实在太多了。

我们再来看下面这个故事：

某位心浮气躁的年轻人，特地去拜访禅师。他问禅师：我这辈子就注定这么过吗？您说真有命运吗？

禅师说：当然有。

禅师一边让他伸出左手指给他看，一边说：看清楚了吗？这条斜线叫作事业线，这条竖线叫作爱情线，这条竖线叫作生命线。

说罢，禅师又让他把左手慢慢地握起来，握得越紧越好。禅师问：你说这几条线现在在哪里？

年轻人说：这几条线，现在在我的手里。

禅师说：对，命运是有的，一切都在你的手里。放松，平静，调整好情绪、心态重新上路吧！

年轻人恍然大悟，谢了禅师而去。

禅师非常高明：命运是有的，一切都在自己的手心里。一个人自己不去奋斗，却终日愤愤不平，无所事事，又能怪谁呢？

我们每个人在遇到挫折时，在感到自己起点不够高、命运不够公平时，或许都要想想禅师的话，静下心来调整好情绪，重新上路，然后在路上一边行动一边反思我们的所作所为。心浮气躁首先扰乱的就是我们的生活和工作秩序，自己都乱成一团麻了，又怎能走得更远呢？情绪是可以漫延的，一不小心就会影响整个人的生存状态，甚至在关键处犹豫不决，继而丧失难得的机会。

起点低不可怕，丧失信念和动力才是真的可怕。

有个“80后”的男孩子，出生在湖北山区，家庭非常贫困。但这个男孩有一个梦想，他向往学术的殿堂，渴望成为北大学子。不过遗憾的是，由于当地比较闭塞落后，教育资源非常有限，这个男孩只考取了一所职业学院。毕业以后，他找到了一份稳定的工作，但他不甘心，仍然想着自己的北大梦。工作一年后，男孩无意中知道了北大在招保安，为了能更接近儿时的梦想，他义无反顾地辞去工作，只身北上，在北大当起了保安。

在当保安的时候，男孩每天挤出时间学习，即使非常辛苦，也无怨无悔。通过坚持不懈的努力，一年后，男孩通过成人高考考入了北大中文系，正式成为北大的一名学子。后来，他写了一本书，名字叫《站着上北大》，他渴望这本书能出版。他给北大校长周其凤发了邮件，并附上了自己的“北大故事”，希望周校长能为他的“新书”写序。

没想到，周校长很快写了一篇千字长文作为序言。

周其凤校长在序言中调侃称，“我是学化学的，文笔不好，还因为写了一首《化学是你，化学是我》（歌曲），让满世界都知道我的文笔不好……不过，当在我校担任保安工作的甘相伟同志来信要我给他的新书写几句推荐话时，我答应了，而且很乐意。”

周其凤校长说：“一个保安，在辛苦工作之余，能够充分利用北大良好的学习资源，努力进取，提高自己，这样的精神值得钦佩。”

这件事在学子之间广为流传，一时成为美谈。

出版社的人说：“他是一个普通保安，却很爱学习，是他的经历打动了我们，于是决定出版。”

这个起点很低的男孩名叫甘相伟，他说：

“感谢生活给了我奋斗的机会，人生的根本意义是有力量去承载苦难，人性的光辉只有在苦难中才会发育得更好。”

态度不同，命运不同

在中国历史上，有这样两个文人，他们的人生经历极其相似，却由于态度不同，命运截然相反。

这两个文人，是柳宗元与刘禹锡。

作为唐代著名诗人与散文家，刘禹锡与柳宗元起点一致，同登贞元九年三十二名进士及第榜。

贞元十八年，刘禹锡任京兆府渭南县主簿，柳宗元任京兆府蓝田县尉，同为京兆尹李实的部下，两人步伐再次一致，也同时受到李实的器重。刘禹锡、柳宗元一开始也很尊敬李实。刘禹锡为李实所撰的书、表，至今仍有流传；柳宗元也曾为李实代写文章，一开始他们之间惺惺相惜。然而，时日一长，他们发现李实为官不正，常常为了私利而激起民愤，压制手段也十分残暴。刘、柳二人看清楚之后，断然与李实划清了界限，再不往来。后来，李实被贬为通州长史，刘、柳同获朝廷赞扬，他们二人也在这一官场变故中更加珍惜彼此的友谊。

两个人都满腹文才，政治态度、价值观颇为相似，只因一身正气，而在官场时有不顺。在唐顺宗朝，二人大胆揭露顺宗内禅内幕，刘禹锡撰《子刘子自传》一文，暗指当朝皇帝与汉朝的顺帝和桓帝一样，是为宦官所拥立的。柳宗元则说："事既壅隔，狠忤贵近。"指出顺宗内禅，实际是宦官挟持和软禁先帝，使其与外界隔绝的情况下而演变成的一场宫廷政变。

二人言行震惊朝野，当朝权贵勃然大怒，刘禹锡、柳宗元同时被贬：一个被贬到湘水之滨，一个被流放到永州。从庙堂之上到了荆楚荒蛮之地，二人又同样面临着郁郁不得志的"逐臣"生活。

由于路途遥远，两人难以见面，但常常鸿雁传书，交流诗词艺术。柳宗元是当时著名的书法家，在柳宗元的影响下，刘禹锡的书法水平长进飞快，二人互相视为患难之交，互相鼓励，志同道合，一时成为文坛佳话。

然而，对于"逐臣"生活。两个人又是怎样面对的呢？被贬官毕竟是仕途中的污点，也算人生中的大不幸。如何面临这不幸，则由被贬谪者自己的心怀与心态决定。心态豁达者或许能从中重见洞天与光明，心态狭隘者也许会郁郁寡欢甚至丢掉身家性命。

刘、柳二人在许多方面是那么相似，甚至政治仕途都几乎一模一样。

十年后，二人又同时被召回朝廷，但由于复杂的政治斗争，马上又同时被贬往更远的地方。刘禹锡被贬连州做刺史，柳宗元被贬柳州做刺史。柳宗元终日郁郁寡欢，感叹命运不公，由于过度伤心忧虑，被贬到柳州才四年便撒手人寰，年仅47岁。而同时代的刘禹锡被贬四年之后，还先后任夔州（今四川奉节）、和州（今安徽和县）刺史，直到14年后又被召回京师。大和二年（828）回朝任主客郎中，晚年迁太子宾客分司东都洛阳，71岁而卒。

同样的人生起点，同样的人生命运，柳宗元因为过于忧郁而早早离世。刘禹锡却在艰苦的环境里性情越加豁达，情怀越加开朗，对于众人都悲叹的秋天，他却写道："晴空一鹤排云上，便引诗情到碧霄。"只有如此乐观，才能淡看人世挫折，活到古稀之年。

柳宗元性格过于敏感固执，在外游山玩水时，经常写"暂得一笑，已复不乐""步登最高寺，萧散任疏远""赏心难久留，离念来相关"这样的句子。他的文笔之中处处可见孤独颓废感，再美的景致也无法排遣他内心的忧郁愤懑之情。他遭受了太多的精神劫难，并沉浸在痛苦之中不能自拔，最终英年早逝。

刘禹锡则生性豁达开朗，再艰难的处境也一样豪迈乐观。当他收到柳宗元病故的噩耗时，也曾泣不成声，悲痛至极，一边立即派人前去料理柳宗元的后事，一边含泪给韩愈写信，希望他能为好兄弟柳宗元撰写墓志铭。然后，自己又花毕生之力，整理柳宗元的遗作，并筹资刊印，使其得以问世，从而告慰黄泉之下的柳宗元的灵魂。

刘禹锡自己，历经挫折，知交离世后，文风反而愈见清奇，面对风景，他写出了明丽舒畅之感，灵魂在山水中得到真正的净化与放松。在大自然中，他常常忘记现实中悲惨的命运，从而感到发自内心的快乐。他写“湖光秋月两相和，潭面无风镜未磨。遥望洞庭山水翠。白银盘里一青螺”。也写“多节本怀端直性，露青犹有岁寒心。何时策马同归去，关树扶疏敲镫吟”。以及“沉舟侧畔千帆过，病树前头万木春”。还写“莫羡三春桃与李，桂花成实向秋荣”“莫道桑榆晚，为霞尚满天”……诗文之间，处处可见豪迈之情。正是这份豪迈豁达，炼就了他的旷世情怀，在柳宗元抑郁而终后依然傲立于人世，并为我们留下了更精彩的篇章。

柳宗元与刘禹锡的命运是值得我们深思的。我们应当学习刘禹锡的豁达情怀，以及面临困境的超然态度。同时要反思，柳宗元的命运并非特殊个案，在每个时代、每个地方，都有许多起点相似而命运截然不同的人，决定他们人生结局的，是他们的人生态度。

态度决定命运。一个人若是没有驾驭命运的心态，那么很可能便是命运来驾驭自己。在现实中，我们难免会遇到各种各样突如其来的挫折，没有人会永远一帆风顺，如果我们将挫折看得太重，并且难以自抑，很可能如柳宗元一样，极容易因为外在环境而陷入人生的死局，再也难以振作。

人生不可能总是一帆风顺，平凡人想获得巨大成功，其奋斗过程也许漫长黑暗，然而不管遇到什么，都要学会笑看成功与失败。将每一次失败当成成功的经验，在豁达的心态里总结体会种种易与不易，收获到自己想要的，无愧于心，尽力而为，看淡得失，这就足够了。

“宠辱不惊，闲看庭前花开花落；去留无意，望天空云卷云舒。”这句话最初出自明代洪应明的一副对联，录于《菜根谭》。洪应明是明朝的大学问家，精通儒、佛、道，也曾热衷功名，苦缠于人世得失之中，直到晚年，才看尽红尘，悟出这么一个道理。

这句话的境界很高，常常被很多现代人拿来使用。意思是说，花开花谢，都是平常事情，为人处事能视宠辱如花开花落般平常，才能不惊不惧；视职位去留如云卷云舒般变幻，才能不放在心上徒添烦恼。

现代社会，人与自然矛盾很深，人类为了自身的文明延续，常常要牺牲自然环境，并在追求的过程中弄得自己心力交瘁，在功名利禄之中无法自拔，从而常常陷入失落、失意的情绪之中。这也是为什么现在的人得抑郁症的概率越来越高。

过于看重荣誉的人，必定同时十分在意挫折。若在挫折中情绪难以调衡，必致渐渐颓废。由此可见，过喜过悲都不宜。《儒林外史》中的范进就因为高中而欣喜若狂突然疯了。而现实中由于过悲丧失生命的例子亦是不胜枚举。

宠辱不惊，去留无意，里面蕴含了深刻的人生智慧。这样的人生境界被许多人所推崇，但总是说来容易做来难。这个活色生香的现实世界，实在有太多令人蠢蠢欲动的诱惑。人心的欲望确是没有尽头的，在得失面前，平凡人谁又敢说自己真的一点儿都不在意呢？

这就到了考验人类平凡与非平凡的时候了。

世界著名科学家、聪明绝伦的爱因斯坦先生，小时候曾被人耻笑为“弱智儿”，长大后在报考瑞士联邦工艺学校时，曾经三科不及格而落榜。小泽征尔这位被誉为“东方卡拉扬”的日本著名指挥家。曾在初出茅庐的一次指挥演出时被中途“轰”下场来，紧接着又被解聘。中国著名文学家沈从文小学毕业，靠自己的文学成就第一次走上北大讲台时，面对满堂高知学子，憋了一堂课，一句话都讲不出来，末了才说：“对不起，这是我第一次讲课，实在太紧张了。”台下哄堂大笑。

厄运只能摧垮态度不坚定者。对于充满乐观的人来说，得失只是人生轨迹里很平常的一条旧痕，不值得在上面耗费太多没必要的情绪。他们面向未来，坚忍不拔，一路朝着理想奋进，最终取得了自己应得的成绩，并成为人们眼里那种“不平凡”的人。

人与人之间并无太大的区别，真正的区别在于面对人生的心态。

乐观能创造更多机会

有这么一则寓言故事。

很久很久以前，有一个小村子，村子里的资源日渐贫乏，村人听说只要通过茫茫的戈壁，到沙漠另一边的绿洲，就可以开始全新的生活。沙漠的中间有一座暹罗人留下的古堡遗址，神秘的暹罗人的后代经常在那里出没，并且在古堡旁边的两条小路上分别放着两杯清水，专给穿越沙漠的人救命用。

有一年夏天，村子里的两个人决定穿越沙漠，去另一边的绿洲开拓自己的新生活。

第一个人，当他走到古堡时，自己随身携带的水已经喝光了，他想起古堡里有一杯属于他的清水，就开始找起来。没过多久，他就欣喜地发现了那杯水。然而，让他感到意外的是，水只有半杯。他非常失望，不停地抱怨、诅咒、谩骂，在沙漠里，一滴水都是十分宝贵的，少了半杯意味着什么？他猜测一定是前面走过的人喝掉了属于他的半杯水，又猜测是暹罗人过于吝啬。正在他愤愤不平时，狂风大作，沙尘落进了水杯，他更加气愤了。水里面都有沙子了还叫他怎么喝？这不是上天在存心跟他作对吗？！

正在他沮丧抱怨时，强风再度刮来，他手中的水杯被打翻，就连那半杯水他都没有机会喝上了。要穿越茫茫沙漠，还有很远的路程呢！

没过多久，这个人就渴死在了沙漠里。

第二个人，当他历经千辛万苦走到古堡的时候，自己带的水也喝完了，他非常疲惫。但突然想到了古堡传说，啊，这里还有一杯水在等待他呢！他打起精神开始寻找，找了好久才找到那杯水。当他看到杯子里还有半杯水的时候，兴奋地端起来一饮而尽，然后跪在地上感谢上天赐予他生命，感谢暹罗人在他走投无路的时候赐予他这杯救命之水。

过了一会儿，狂风大作，沙尘弥漫，使得他难以睁开眼睛，他只好躲藏在古堡的墙壁下，等风停了再上路。

喝了半杯水的他美美地睡了一觉。养足精神醒来后，风沙也停息了，他走出沙漠，看到了追寻已久的绿洲，从此过上了幸福而富足的生活。

这个寓言故事后来被应用在各大实验室和现实生活中，被称为“半杯水思维”。

意思是：同样的半杯水，有的人看到的是缺少的那一半，有的人看到的是拥有的那一半。人生，只看到缺少的那一半，就是在扼杀快乐，就是在自己折磨自己；而看到拥有的那一半，便是在给自己创造机会，带来更多的快乐，活得也会更加幸福从容。

那么你呢？在面对半杯水的时候，是欢呼“啊，还有半杯水”呢还是哀叹“唉，只有半杯水”？实际上，“还有”与“只有”之间，看似一字只差，却相距上万里。

庆幸“还有”的人，往往懂得珍惜眼下，以积极乐观的心态应对生命中遇见的种种如意与不如意。萧瑟的秋天在乐观者眼里是硕果累累的季节，寒冷的冬天在乐观者眼里是银装素裹的难得景致。对于乐观的人，每一步都是人生的起点，随时都有再创辉煌与佳绩的可能。他们不屑于沉溺灰色情绪中，总能最快地调整自己的状态，并在潜移默化中让阳光成为自己生命里的一部分。

哀叹“只有”半杯水的人，对生活充满了抱怨，他们难以满足，锱铢必较。他们在对完整与完美的向往中，眼里紧紧盯着缺失的那半杯水，不惜忽略存在的这半杯水，导致错失良机。金黄色的秋天是他们心中万物凋零的开始，银装素裹的冬季是岁月苍老的幻影。生活稍有不公，他们便充满了抱怨，并在无意之中变得越发刻薄计较，导致阴云充斥了自己狭隘的心脏，难以感受到生活给自己带来的快乐。

我们每个人，都面临着杯中的半杯水。

当我们来到人世时，杯子是空的，当我们渐渐成长，杯中的水也渐渐上升。就如我们的欲望一样，人的欲望是永远没有穷尽的，在面对半杯水的时候，知足常乐能带来更大的慰藉与幸福，也才有机会往空着的杯子里添加岁月的礼物。过于计较的人犹如被欲望堵塞，难以泄通，难以愉悦，难以说服自我，也难以在一生的沉浮之中取得一个平衡心安的位置。这样的人，不会是个快乐的人。

面对半杯水，不同的人会有不同的看法，这些看法或许是由每个人的处境、身份、背景、学识等的不同而决定的，但是再不同也无非只有两种态度。一种是欣喜满足，一种是失望不满。容易满足的人更善于利用这半杯水，将每一滴的智慧和用途都发挥到最大。而容易不满的人对这半杯水不屑一顾，浪费就浪费了，从而导致截然不同的后果。

每个人都有属于自己的半杯水，一事无成的人也好，功名显赫的人也好。当时光渐渐流逝，当往事渐渐在记忆里消散，剩下的，只有生命里的半杯水，这属于回忆也属于一生成绩的半杯水，你是怎么看待呢？是质问天意的残酷，还是感恩命运的垂青？

我们付出了不一定就能收获到果实，我们竖起耳朵不一定能聆听到最想听到的声音，我们敞开心扉不一定能得到最真诚的心。世界之大，很多遭遇超乎我们的想象，人生不如意事十有八九，面对半杯人生，我们更加需要珍惜。为已经失去了的而忽略现在拥有的，实在是愚蠢。偏偏我们在生活中常常犯这样的错误。

水，是生命，是智慧，是欲望，也是人生。回过头来看，生存在这个世界上的每一个人，都是一只装了半杯水的杯子，杯中之水就好比一个人的能量与知识，是他存活在这个世界上已经拥有的东西，是肉眼看得见或者看不见的个体价值，而杯子空出来的那一部分，也许是某个人的缺陷与不足。世界上没有十全十美的人，在拥有半杯水的时候，学会珍惜半杯水，在还空了半杯的时候，学会填补智慧。

只有还空了半杯，人生才有更多的精彩与惊喜值得等待。

空间，等于未知能量。

自暴自弃，一点儿用也没有

我们都有过这样的时刻，因为一些挫折，陷入了人生的低谷，就觉得天空灰暗，整个世界犹如陷阱，对什么都提不起兴趣来，甚至想放弃自己的生命。

是呵，每个经历过成长的痛的人，几乎都起过“活着没什么意思”这样的念头。这种念头有的人只是一闪而过，有的人却在脑海里膨胀、扩大，乃至成为笼罩整个生活的阴影。

我们观察一下就会发现，那些自暴自弃的人，真的获得了解脱吗？那些选择了死亡的人，他们成为了生命的赢家吗？

其实，无数自暴自弃者，并没有解决最初的问题，反而在阴影的深渊里越跌越沮丧，最后可能掉入万劫不复的死循环中。

有这样一位父亲，他年轻时踌躇满志，可由于各种原因而错过了求学的最佳机会。结婚之后，他在农村安家落户，生了三个孩子。因为自己没有赶上好时机，这位父亲就非常重视孩子们的学习成绩。他从小就给他们灌输“万般皆下品，唯有读书高”“学好数理化，走遍天下都不怕”等种种思想观念，三个孩子在他的影响下都学了理科，但大哥、二哥只考上了普通本科。从小，三妹妹的学习成绩最好，因此这位父亲在小女儿身上投注了极大的希望。

他们家很穷，农活也很多，但是为了让孩子们好好学习，这个父亲从不让孩子们干农活。父亲甚至为了小女儿而给老师们跑腿儿或送礼，有时候被小女儿同班同学看见了，大家都嘲笑她。为了学习，三个孩子在穿衣打扮方面极其朴素，小妹妹总是穿着妈妈不穿了的旧衣裳，由于父亲的价值观输入，她把心思全都用在了学习上，一开始也不在乎外界的看法。然而，随着升学压力的加大，小妹妹的性格越来越自卑、叛逆。她迷上了看电视，看完之后又为荒废了学业而惴惴不安，情绪轻易就会陷入低谷，在班上越来越孤僻，一个朋友也没有。

所幸中这个女孩子底子不差，还是考上了重点高中。高一、高二上完以后，成绩在班上为中上等。其实，这也不错了。但是老父亲望女成凤，一心渴望培养出个名牌大学子女。他做了许多次女儿的思想工作，让她巩固基础，从高一重新开始读。女孩子同意了，但是从此她的性格更孤僻了，在班上不跟任何人打交道，也不敢高声和别的同学说话，甚至老师点名叫她回答问题她的声音也只有自己才能听得到。渐渐地，她成为班上多余的人。考大学那年，多耗费了两年光阴的她分数也只够三本线。老父亲非常失望，叹口气什么也没有说。

倒是女孩子，进了大学以后，越来越悲观、孤僻。她发现自己跟别的同龄同学相比，自己又土又胖又矮，身高才一米五，是一个典型的来自农村贫困家庭的女孩。因家庭贫困，她在小学、中学时生活节俭，可学习成绩一直名列前茅，虽然孤僻，但还是老师夸奖、同学们羡慕的对象。可是一旦进入大学，环境就彻底不一样了，别人看待她的眼光也不一样了。她身边的同学多才多艺、时髦靓丽，而自己什么都不会，她感到很难堪，再加上总感觉自己在身高和体形方面不如同学，更感自惭形秽，不愿与人交往。她开始疯狂学习，希望通过努力，用优异的成绩来找回自我，但一个学期下来，由于背负的精神压力太大，她的期末考试成绩并没有如她所愿而名列前茅。渐渐地，女孩子老觉得在同学面前抬不起头来，上课时注意力难以集中，排斥参加集体活动，经常独来独往。本来她在宿舍还有两个朋友的，可是那两个朋友越走越近，她开始连与宿舍同学也不愿交流，于是申请搬出原来的宿舍。到了另一个宿舍，里面的女孩子早已打成一片，孤僻自卑的她更加愁眉苦脸、寝食不安。

这种自卑的心理使她逐渐对大学生活失去了兴趣，她开始暴饮暴食，毫无节制地吃垃圾食品、上网、沉迷偶像剧，但是每次接到老父亲的电话就惴惴不安、自责惭愧，慢慢地她发现现实生活带来的只有痛苦，唯有偶像剧才能打开一扇幻想与呼吸的窗口。

她在自暴自弃中离自我越来越远，最后选择了自杀。

这是一个悲惨的故事。

当女孩因自卑而不愿意与人接触、学不进新知识的时候，首选是电视连续剧与网络。她沉迷在肥皂剧里难以自拔，思想停顿了太久，猛然醒悟时发现现实与理想落差太大，从而选择了放弃生命。实际上，有两个人导致了她人生的悲剧—— 一个是她的父亲，一个是她自己。

她的父亲给她灌输了太多旧的偏激的思想观念，给她带来了过于沉重的思想压力，她自己则在这种压力下越来越不安，甚至选择了自暴自弃。我们可以看到，自暴自弃对于解决学习落后、人际交往障碍、自卑—— 一点儿用也没有。

学习落后应该采取正确的学习方法。人际交往有障碍应该从自身考虑，学会自信地敞开心扉，宽容地接纳别人。可是她并没有这样逐一解决问题，只是在沮丧的情绪里，沉迷于一些毫无益处的思想垃圾。

就像人类的身体需要好的食物一样，大脑也需要好的精神养料。如果一个人在脑子里装满了脑残的电视剧、没完没了的负面新闻，毫无疑问，这个人会变得越来越消极、失望，因为他会在这种惰性里失去抖擞精神干一番正事的欲望。因为脑子里充斥满了太多消极的东西。

垃圾食品也跟垃圾思想一样，它们无法提供身体所需要的营养。垃圾食品吃得太多，体重逐渐增加，健康受到损害，情绪也会大受影响，从而导致一个人在自暴自弃的路上越走越远。

自暴自弃，等于自己扼杀自己。

司马迁在政治上屡遭不顺，身体上经受了宫刑和牢狱之灾的磨难，但他没有自暴自弃，才写出了名垂千古的历史巨著《史记》。1985 年，霍金染上肺炎，手术后的他丧失了说话能力，只能用美国和英国的电脑专家为他特制的电脑语言合成器“说话”，每分钟可选出 15 个词，合成一个小时的演讲则需准备 10 天。然而，就是在这种极端困难的条件下，霍金写出了两部书和一批科学论文，其中包括 1988 年出版的畅销书《时间简史》。

我们的身体与心灵犹如一座干净的房子。善于学习进取的人，每天把好东西带到房子中，房子会变得越来越漂亮，我们便越来越乐意住在里面。可要是每天将颓丧、破烂、毫无意义的东西带进来，房子会变得越来越脏、乱、差，最后住的人也不愿意待在里面，就等于身体和心灵、理想和现实的彻底分离。

心灵与身体的分离是极痛苦的，在这种情况下，情绪被逼上极端，导致自暴自弃。是另一场悲剧的开始……

做自己人生的主人

不知是因为惰性作祟，还是依赖心理作祟，许多人，年少的时候事事听从长辈的安排，成年以后听从领导的吩咐，在没有人能左右他们的行为时，他们就四处听周围人的建议，看看大家怎么做他们也怎么做。虽然随波逐流听上去不那么光彩，可他们觉得绝大多数人都那样，就错不到哪儿去。这类人的行为习惯了被别人的思想所驱使。

还有一种最可气的说法是，人生几十年，横竖都是死，活得轻松开心最重要。什么是轻松开心呢？别人怎样做，咱也跟着怎样做就好，反正要错一起错，大家都是错的，也就没有人错了。

在这样的思想下，我们甚至可以看到一种奇怪的现象，明明是红灯，马路边的人却成批成批地过去了，只剩下最后一个坚持等绿灯的人。这种坚持到底有没有必要呢？有人认为有必要，有人认为没必要。当绿灯亮起来时，他一个人准备过去。可是停在两边的车看主人流早都过了，一时都开动起来。这个独自等待绿灯的人，只好战战兢兢地在车流里过马路，行动一点儿也不自由，倒要后悔没有趁红灯跟着大家一起走了。

这种不文明的现象，真的值得提倡吗？有人说，这是人性化、灵活处理的一种。然而，这样的话还要设置那么多交通规则做什么？君不见里面隐藏着多少危及生命的交通隐患，比如导致小孩子的认知错误，跟着大人一起闯多了红灯，有一天他自己外出的时候，见着红灯不避不等，直接冲了过去，这样违反交通规则不说，还极容易酿成车祸。

再者，在生活里，盲目从众久了，思想就容易消极懒惰，到后来自己无法把控命运，甚至有一天发展到只能看别人的脸色过日子。因为惰性会腐蚀人的独立意识，让人将希望寄托在别人身上，失去精神上的自我，而失去自我的人，往往也不太可能得到许多人的尊重。

如果我们研究一下现实中那些出色的有成就的人物，就会发现，唯有极有个人主见和敢为自己的人生做主的人，才有实现更大个人价值的可能。

我们来看看大提琴家马友友的故事。

2011年，年近60岁的大提琴演奏家马友友迎来了一生中极不平凡的一天，总统奥巴马亲自为他戴上了象征着平民最高荣誉的总统自由勋章，美国纽约市有一条新建马路将以他的名字命名。

马友友能在大提琴事业上取得如此卓越的成就，与他自幼极有主见、敢为自己人生负责的态度有关。

马友友的父母都是毕业留美的华人，在华尔街做经济分析师。马友友刚来到这个世界上，他的父母就为他设计好了标准的人生路。他们希望孩子跟自己一样，做一名出色的经济分析师。

为了帮儿子走上这条路，从小，马友友的父母就教他学数学。据说，马友友在牙牙学语的时候最开始学会说的不是“爸爸妈妈”

而是“1，2，3……”。在这种家庭压力下，读小学的马友友已经是学校的数学明星了，同学们不会的题目他全会做，并且在各种数学竞赛中，他都能轻而易举地拿回大奖。父母对儿子的表现非常满意，只有马友友，越来越觉得这不是自己的人生，他的一切都是父母做主，作为一个人，这样有什么意思呢？

有一天，在放学的路上，天色很暗，看样子马上要下雨了。马友友没有带伞，就从一条非常僻静的小路往家里跑，谁知经过一幢老房子外面时，他听到一种极为美妙的音乐，那流水一般优美的旋律将马友友的脚步绊住了。他朝院子里看去，有一位老人正在拉大提琴，美妙的声音就是从老人手中的乐器里传出来的。老人神情陶醉，整个身子随着音乐的旋律轻轻晃动，马友友看呆了。他羡慕得不得了，非常渴望自己也能拉出这样的音乐。这是马友友人生中第一次注意到自己真正感兴趣的东西，他发现自己的心脏跳得很快。是的，他爱的是音乐，而不是数学。数学都是在父母的压迫下机械地学习的，他对数学根本没什么特殊感情。

马友友一直在门口呆呆地站着，直到拉提琴的老人注意到他并把他请进院子。老人又演奏了许多美妙的曲子，还为马友友讲了许多关于音乐的动人故事。这一切，都使马友友完全迷恋上了音乐。那时候的美国到处都是各种各样的培训班和补习班、兴趣班，马友友当时听从父母的安排正在数学班里补习，可自从认识这个老人后，马友友经常逃学跑到老人那里听音乐、学大提琴。不知不觉中，他的数学成绩下降了许多。父母发现他是去听琴了，非常生气，但还是开明地说：“以前的事情，只要你改正就行了，以后，你一定要用心学好数学！”

“我不喜欢数学，为什么一定要逼迫我？”

“你只有学好数学，将来才能和我们一样做经济分析师，才能成为一名伟大的数学家。”

听完父母的理由，马友友心中更为抵触了，他有自己热爱的东西，为什么非要和父母走一模一样的路？父母能陪自己一生一世吗？人生就该自己做主，哪怕是亲生父母，也不能强来操纵儿子的人生方向。

马友友继续到老人那里学音乐，他的父母没有办法，只好帮他报了音乐班。都说兴趣是最好的老师，果然，中学毕业的时候，马友友在曼哈顿得了全市学生音乐会的一等奖，并前往哈佛大学就读。与此同时，他的音乐名声逐渐大了起来，许多重要的交响乐团以及包括钢琴家伊曼纽尔·艾克斯在内的音乐大师都向他发来邀请，希望与他一起演奏和表演。

正因为马友友敢于坚持自己的人生，现在，马友友已经是一位名震国际的音乐大师了！2006 年，马友友被联合国任命为和平大使。2011 年 2 月 15 日，马友友、德国总理默克尔、美国前总统老布什、“股神”巴菲特一起，接受了由美国总统奥巴马亲自颁发并戴上的象征着平民最高荣誉的总统自由勋章。

马友友曾经充满感慨地说：

“自己的人生只有一个主人，那就是我们自己！我不认为父母为我们指的路一定是错的，但能行走在自己铺设的人生轨道上，则一定是最开心的！”

第七章 给自己一个明确的大方向

人总会走着走着就迷茫了，在迷茫的时候，年长的人会给年轻人以各种金玉良言，同龄人会对自己指指点点。谁都有在压力之下不知该何去何从的时候。人生需要一个明确的大方向。在艰难的时候、看不清现状的时候，想一想心里那个模糊的轮廓，让行动将一切都慢慢坚定起来。否则，你会轻易迷失掉自己。

会做人比会做事更重要

刚刚步入职场的大学生，经常会听到一句劝告："年轻人，想做事，先学会做人。"

这句话原本没有问题，在中国古代，修身，齐家，治国，平天下，万事之前先修身，也就是做任何事之前都得先学会做人。"人"字虽然只有一撇一捺，却是天下最难做的，古人格外懂得这个道理。

而现在呢？

对于现代人来说，人品正直，有责任心，本性纯良，也是赢得人生胜局的必要条件。这表现为一个人有情有义，是一个正直善良的人，与这样的人打交道、一起做事也放心。哈佛大学著名行为学家皮鲁克斯就曾经说过："做人是做事的开始，做事是做人的结果。"

中国老人们也常常说，饭要一口一口吃，事要一步一步做，人要讲究信誉，要做个人人竖大拇指的人。只因世间成功路，得道多助失道寡助。那些飞扬跋扈者，稍微有点成绩就狂妄自大，不将任何人放在眼里，甚至以强凌弱、唯利是图，最终成为众矢之的，自然有看不惯他的人背地里挖墙角。

明争或者暗斗，首先针对的不都是那些不善于做人者吗？

佛家讲，善因得善果，恶因得恶果。人生收获什么都是缘于自己当初埋下了什么样的种子。做人成功的人严于律己，宽以待人，目中清朗，胸有正气，行事磊落，不为世间迷所诱惑，耐得住寂寞，吃得了清苦，守得住气节，甘于奉献，人们放心把事情交给这样的人做，他也有魄力以集体利益为己任。

这些都是从最单纯的层面来讲——会做事先要学会做人。

然而，这句话到了现代职场，往往又有些变质了。

有的年轻人，生性耿直，不懂得拐弯抹角，不晓得圆滑处世，在不经意的地方得罪了个别前辈，前辈轻而易举就能给他下一个绊子，却往往还不明白自己错在哪儿，这时前辈会意味深长地说一句："年轻人啊，想做事，先学会做人吧！"

年轻人恍然大悟，顿时感到青春颓然逝去，自己总算成熟了起来，渐渐认识到活着的不易、生存的艰难、为人处世的风险，便将前辈的金玉良言牢牢记在心中，变成自己的座右铭，每逢机会就要拿出来与比他更没有经验的人分享：年轻人，想做事，先学会做人吧。

对于这些人来说，做人不再是提高自己的人品那么简单，反而涉及复杂的与人品无关的处世厚黑学。而处世这一门大学问，又不是初出茅庐者能领悟到其中全部智慧的，到后来，做人与做事在现代社会的意义干脆也彻底变质了。有人说这是一种悲哀的现象。这确实悲哀，如果你也深深认可并且深陷其中的话。或许我们应该相信，再复杂的人也强烈地需要天性中有一些单纯和美好的东西。倘使，做人就是简单地做好人，做事就是做光明正大的事；倘使，我们内心深处就有那样一份坚持，而不管周围人怎么说、诱惑多么大，也不变最初的信念与情怀，那该多好。

其实，某些人过于“会做人”，也是一种失败，并不能得到别人发自内心的尊重。

有一位猎头为客户四处寻找部门经理，他打电话到一家知名公司的部门经理处，在表明猎头身份做了自我介绍后，那位经理态度非常不友好，没等猎头把话说完就粗鲁地说：“我没时间听你磨叽，别来打搅！”然后“啪”的一声就将电话给挂断了。猎头心里十分生气，但出于职业素质，还是发了一条短信过去，表明如果他有兴趣可以进一步沟通。过了几个月，猎头接到一个电话，是那位挂掉电话的经理打来的。他在电话里语气非常诚恳、客气，说由于集团重组，他所在的公司被其他集团收购，重叠部门的人员将被撤换，自己可能在那待不下去了，所以还是需要猎头推荐推荐其他公司。见猎头沉默，这位经理又提出请他吃饭，生怕不同意，说连时间、位置都定好了。这位经理前后态度截然相反，只因他的需求和所处位置不一样了。令猎头感到非常不适的是，后来，那个经理并没有被撤换掉，反而在原单位升了职。猎头再打电话过去通知工作的事情时，经理在电话里大发雷霆，很粗鲁地表示自己已经不需要了，态度又来了个一百八十度大转弯。猎头感到这位经理的工作能力虽然厉害，但是人品实在太差，就再也没有给他打过电话了。十年以后，猎头在报纸上的通缉犯那一栏里看见了他。

与此形成鲜明对比的是，有一次猎头找另一位经理介绍工作，当他表明身份后，这位经理非常客气地表明正在忙工作，能不能下班之后再聊。下班之后，他们聊了许久。猎头这才知道，这位经理当时的职位已经很高了，而自己推荐的职位明显太低。猎头感到非常抱歉，经理却非常客气地表示不要紧，并表示很高兴能认识一个猎头，希望以后有机会继续接触。此后，这位猎头总是会想到这位优秀谦逊的经理，在大客户需要销售总监时，他第一时间想到了他。

从两位经理的行为中可以看出做事与做人的联系。前一位经理明显不懂得做人的智慧，见风使舵，唯利是图，只关心眼前利益让他的人性之恶愈演愈烈，最后陷入金钱的深渊。而平和谦逊、懂得尊重人的人，也得到了更多人的尊重与认可，随之也就会有更多的人乐意帮助和提供机会，事业成功的可能性就会更大。这深刻地揭示了孟子所阐述的道理："得道多助，失道寡助。"

做事靠能力，做人靠智慧。做事与做人都不是简单的一加一等于二，这是一门大学问，它关涉我们生活里的许多细节。很多做事的小细节反映的就是做人的道理。一些细微的转折也许能彻底改变人的命运。人类站在时光的起跑线上，一开始都是一样的，这是一场自己和自己的竞逐。可是，有人渐渐跑不下去了，心里的那个自己开始模糊，一切标准、原则、志向、喜好也开始模糊，只能任由自己飘到哪里算哪里。在随波逐流、迷迷糊糊之中，也许不小心就让人生方向彻底改变了，再也难以向心中的目标挪动一步。

有的人，信念坚定，有自己的处世原则，不管多么艰苦也能坚持到底，直到看到最后的曙光。

为什么那么多站在同一起跑线上的人在一生将尽回顾人生的时候会有截然相反的境遇与感慨呢？我们发现，事业有成者，往往都是承担了相应社会责任的人；备受敬仰者，往往也是责任感特别强烈的人。

在这个世界上承担着自己应尽的那一份责任，并且尽量做好，对于做人还是做事来说，都非常重要。事业的责任、家庭的责任、感情的责任、社会的责任……责任让我们成为更有担当的人。那些逃避和推卸责任者不仅是生活的懦夫，也是做人的失败。等他们开始做事时，也没有几个人会信任他们。

富兰克林曾经说过：做一个堂堂正正的人，首先要履行自己人生的使命和责任。

“行大事者不拘细节”，并非不拘泥于做人的细节。相反，我们的一生，就是学做人的过程。我们应该慎重地对待做人的细节，就像高贵的天鹅爱惜自己洁白的羽毛一样，不要轻易沾上污点。

对于一个成熟的人来说，做好人，事就做成功了一半。

上帝就是自己

有位事业心很强的先生，富有投资头脑，瞅准了制造业潜在的巨大市场，将全部积蓄投入里面，没想到天有不测风云，世界大战爆发了，他无法获得工厂所需要的原料，只能在战乱之中眼睁睁地接受破产这个事实。

在金钱至上的国度里，他失去了所有经济来源，工厂的倒闭让他终日沉浸在沮丧情绪里，最后干脆抛妻弃子，过上了流浪汉的生活。时间一天一天过去，他自暴自弃，活在过去的阴影里，一直难以振作起来。

直到有一天，他捡到了一本书，内容说的是怎样建立自信心，一个人的自信心对人的前途有多重要……他的心被触动了，想找到这本书的作者，想知道作者说的是不是真的。经过一番打听，他终于知道了作者的住处。当他对作者哭诉完自己悲惨的人生，渴望作者对他说出一番鼓励的话时，作者却说：

“我怀着极大的兴趣听完您的故事，发自内心地希望自己能帮到您，但是真的很抱歉，我做不到。让您失望了，先生，我也很难过。”

他的脸色瞬间变得苍白，腿一软，险些摔倒。他好不容易燃起了一丁点儿恢复自信的希望，他以为作者会慷慨鼓励他，没想到……他沉默了一会儿，反反复复地说：“我知道我完了。”

正当他跌跌撞撞地要往回走时，作者说：“先生，稍等一下，虽然我没有办法帮你，但我可以介绍你去见一个人，他可以协助你东山再起。”

流浪汉的眼里重新恢复了光芒，他紧紧抓住作者的手说：“先生，行行好，一定要带我去见见这个人。我只是想知道我的人生还有没有救，是不是一切都完了。”

作者把他带到自己的卧室，在一面高大的镜子前，指着镜子里的人说：“这就是我要介绍的那个人，在这个世界上，只有这个人的帮助才能让你的人生重见起色。但是现在你必须安静下来，摈弃一切杂念，好好和这个人打交道，真真正正地认识这个人。否则，你只能跳到密歇根湖里。因为当你真正认识、了解这个人之前，你目前的价值对这个世界来说，是个没有任何存在意义的废物。”

流浪汉朝着镜子靠近，他不知道有多久没有好好看看自己了，镜子里的这个人怎么落魄成这样了？络腮胡须，颓废不堪……他用手摸着自己的脸，对着镜子里的人仔仔细细地观察，从头观察到脚，突然放声哭泣起来。他抖着肩膀哭了很久，默默地走了，走前一句话也没有说。

过了一段时间，作者在街上碰到一个绅士跟他打招呼，仔细辨认了一会儿，才认出眼前的人是之前那个流浪汉。但“流浪汉”已经彻底换了另一副面孔，步伐轻快有力，眼神明亮坚定，衣服干干净净，分明是一个很体面的男士。

“流浪汉”握着作者的手说：“谢谢您的镜子，让我明白真正的自信是什么。在遇到您之前，我还是一个流浪汉，若不是您，也许我这辈子都是那样一个流浪汉了。可是您的镜子让我重新认识了自己，知道这个世界能救我的人只有我自己。我现在重新起步，找到了一份年薪 30000 美元的工作。我的老板预支了一部分钱给我，我的家人都很开心看到我重新走上这一条路。我想，世界上除了我自己已经没人可以再度把我打垮了。”过了一会儿，他又幽默地说，“我还想去告诉您呢，总有一天，不远的一天，我要过去拜访您。到时候，我会带上一张支票，签好字，收款人是您，金额是空白的，由您填上数字。因为您使我认识了自己，幸好您要我站在那面大镜子前，把真正的我指给我看。我想到时候镜子前让您任意签支票的人，也才是真正的我，我内心一直渴望的我。”

流浪汉的故事告诉我们，一个人的成功和他人无关，一个人自身才蕴藏着最丰富的智慧和最无穷的力量。

当我们自暴自弃、渴望这个社会来救赎自己时，往往会越来越灰心失望，以为真的到了万劫不复的绝境，而如果自己相信自己，靠自己的力量来改变现状时，往往又能凝聚四周的力量。

凝聚起来的力量就叫自信，只有自信，只有自己掌握自己的命运，才能为人生找到最佳出口。只要坚持不懈地努力，跌倒了再爬起来，才会在无形之中成为我们内心深处最渴望成为的那种人。

我们的命运无法交给任何人，除了我们自己。面对突如其来的困难和看似无法逾越的险阻，没有什么比自己不再相信自己有力量跨过去更加可怕了。勇气会让人充满热情和斗志，如果没有战胜怯弱的勇气，就难以看到黎明的来临。流浪的人生是容易的，不用对自己和任何人负责，过一天算一天，就像废物一样存在于这个世界上。而刚毅的人生是不容易的，它需要克服重重困难，需要跨越失败的鸿沟，需要冲破原本的心理防线。有许多值得我们奋斗和追求的东西，那是我们勇往直前的动力。人生不会那么轻而易举地获得成功，不是所有渴望都能瞬间变成现实，在失败与挣扎之间，在颓废与振作之间，我们应该休息调整后便马上再度出击，瞻前顾后只能导致失去更多。无数人一生都在沮丧中度过，难道他们没有梦想吗？

每个人都有梦想，只是有人把梦想成真的希望寄托在别人身上，失败了之后只会感叹时运不济。有人则将希望寄托在自己身上，不管遇到什么压力都默默承担，坚持奋斗，终至成功。

自己的命运只能交给自己。古人有句老话：“靠天靠地，不如靠自己。”唯有自己是自己的上帝，唯有自己，才知道内心深处最渴望的是什么。

独立让人活得更有尊严

在中国，有这样一群年轻人，他们大学毕业了，不急于找工作，大钱挣不来，小钱不愿挣，最终成为了“啃老族”。对于父母的付出，他们没有一点儿愧疚感，认为父母养他们是应该的。

诚然，每个人都渴望背后有个依靠，都希望活得更加有安全感，可是，如果有一天，父母从我们的世界里消失了呢?

人总要学会独立，学会靠自己撑起一片天。

独立不仅让人从根基上屹立不倒，更重要的是独立能让人活得更有尊严。

我们必须独立，因为我们终有一天要独自一人面对这个世界。

那么，究竟什么是独立呢?

独立首先就是不盲从，要有自己的思想和价值观。

在网络信息时代，新闻热点、微博热点，甚至芝麻绿豆的小事也能一石激起千层浪，社会舆论会倏忽之间变成一股大潮，各种观点交替出现，许多人在各种舆论导向下产生偏向，容易形成自己主观的看法。我们经常可见不理智的“支持”遍布整个网络，盲从的人如潮水一样多，给社会以及当事人带来很大的伤害。毫无意义的思想盲从，让人在生活里也随波逐流，没有自己的观点，失去了作为一个人最起码的尊严。

人之所以是人，区别于一般动物，不仅仅因为人有特殊的感情，还因为人类复杂的大脑可以思考。把别人的观点拿过来算作自己的，或者别人怎么说自己就怎么说，有何意义呢？

我们面对问题时，应该有自己独立的视角，独立不是故意和别人唱反调，而是经过深思熟虑，理智地得出自己的结论。我们不仅需要看眼前所能获取的信息，还要从历史的角度去对比分析，从人性、社会、环境、世界的全局去看待问题。勤动脑，勤思考，使自己的头脑始终处于理智的状态。

思想独立，人格独立，以独立的姿态活在这个世界上，成为一个有尊严的个体，才有可能实现生活的独立。

《南京晨报》上曾经刊登过这样一个故事。

有一个姓魏的男孩子，刚生下来两三个月时，母亲就教他识字，还经常读唐诗给他听。魏同学 2 岁时就掌握了 1000 多个汉字。4 岁时，已基本学完了初中阶段的课程。8 岁时，连跳几级进入县属重点中学读书。13 岁时，以高分考入湘潭大学物理系。2000 年，17 岁的魏同学大学毕业后考上中科院高能物理研究所硕博连读研究生。

他的母亲认为，孩子只有专心读书，将来才有出息，于是将所有家务活都包了下来。魏同学读高中时，他母亲还给他喂饭；读大学时，下岗在家的母亲决定继续陪读，甚至还帮儿子洗头；2000年，魏同学本科毕业后，独自去北京读中科院硕博连读研究生。

身边突然没了母亲的照料，魏同学感到很不适应，竟无法安排自己的学习和生活。冬天不知道给自己多加件衣服，连穿衣、吃饭都需要教授提醒，甚至有时会赤脚走路。由于只埋头读书不与人交往，计算机考试时间改变了他都浑然不知，连硕士毕业论文提交的时间他都错过了。2003年8月，已读了3年研究生的魏同学，收到中科院给他的一张“肄业通知书”，让他在上面签字，然后回家。

魏同学由于生活完全不能自理而被中科院通知退学。他的母亲这才开始反思自己的教育方法。

之后，魏同学只好一边在家学习如何自理生活，一边继续复习报考研究生。

显然，魏同学成长过程中的自理空白区，是因其母亲保护过度而导致的。所谓过度保护，就是父母为了让子女安心学习，对生活中的一切都替孩子代办了，最终导致孩子身心不能正常发展，无法独立生存。

日本家长在教育孩子方面有句名言，除了阳光和空气是大自然的赐予，其他一切都要通过劳动获得。

有针对中小学生参加家务劳动情况的调查结果显示，我国中小学生每天参加家务劳动的时间平均只有12分钟，远远比不上日本学生的24分钟、韩国学生的42分钟、英国学生的36分钟、美国学生的72分钟！

许多美国和日本孩子，想要零花钱都要靠自己的劳动去挣，有钱人家的孩子勤工俭学的也特别多。或许孩子缺乏独立生活能力与中国独生子女的政策有关，以及家庭物质生活条件大幅度改善，当代中国很多父母舍不得让孩子吃一点苦、经受一点磨难。另一方面，在应试教育的压力下，不少孩子课业负担很沉重，加上以学习成绩作为“唯一标准”的评价体系，迫使学生将精力都投入到了学习中去，于是父母把所有应该由孩子做的事全部包办了。

很多父母都会这样说：“你把书读好就行，别的用不着你操心。”

然而，过度溺爱不仅会害了孩子，最终也会危害社会。

若事事依赖父母，当父母有一天不在以后，难道也要跟着父母而去？如果自己有了子女，谁又愿意自己的孩子永远都不独立，一辈子依赖着自己呢？当父母老得不能动了的时候，一个没有独立生存技能的人又怎能反过来去照顾自己的父母呢？回到社会上，好逸恶劳的闲散人员最容易和社会脱节、在人际关系中受挫，最后人生观、世界观、价值观全然改变，导致心怀仇恨和敌意去面对这个世界，这样一来，无论对自己、对社会都是十分危险的。

人之所以是个完整的人，就在于人是独立的个体，有独立的能力。而独立会让人活得更有尊严！

你的人生方向是否正确

有一个渔夫，他发誓只捕捉价值最昂贵的那种鱼。为了履行自己的诺言，他将捕捉到的别的鱼类都放回了大海。而事情往往不像想象中那么顺利，因为长期捕不到他最想抓的那类鱼，一段时间以后，渔夫竟然在饥寒交迫中死去了。

这是一个很有意思的故事。有人从两个角度来解读渔夫的行为。一个角度是，他是高贵的，为了追求自己的目标，宁折不屈。而另一个角度是，他是愚蠢的，为了不切实际的目标，竟活活地饿死，真是可怜、可笑。

因此，渔夫的高贵不是真高贵，所谓的“宁折不屈”没有建立在正确的思维基础上，再有骨气也只是笑话。

现实生活中，有多少人会是渔夫这样的思维？

法国一家报纸曾经刊登过一个有奖竞答问题：如果法国最大的博物馆卢浮宫失火了，情况危急，只允许抢救出一幅画，你会抢救哪一幅？

这家报纸收到了数以万计的答案，人们纷纷论证自己的选择。有人说，这个太难了，卢浮宫的三件镇殿之宝每一样都价值不菲；有人说，当然选“蒙娜丽莎”了，并且阐明为什么该选“蒙娜丽莎”而不是“向日葵”……大家谁也不服谁。可法国作家贝纳尔却说：

“我抢离出口最近的那幅。”

贝纳尔说，道理很简单，在失火的情况下，到处都是浓浓的烟雾，人在里面压根儿就看不清哪一幅画挂在哪里，冒险进去救心目中认为价值最昂贵的那一幅，极有可能要付出的代价是人与画一起葬身火海。而抢救离出口最近的那一幅，也许不是全卢浮宫最有价值的，但一定是胜算最大的。而这幅画，随后也将价值飙升！

有人说，对这个测试的回答揭示了人们的内心状态。第一类人面对熊熊大火，一遍一遍地拷问自己，到底哪一幅画最有价值。他认为每一幅画都很有价值，失火这件事情在意料之外，他每一幅画都想抢救，最终在犹豫的过程中失去了机会。这类人也许永远不知道自己到底要什么。第二类人比第一类人稍微好一点，他知道自己要什么，但是他不考虑自己的实际能力和操作难度，他就像那位渔夫一样，一头扎进火海，无论多么危险，也在所不惜。这类人，本来可以随便拿到一幅画的，就像渔夫可以先用其他鱼类果腹，但是他不甘心，豁出一切要在火海中寻觅到更有价值的东西，就在这寻找的过程中将自己给耽误了。第三类人就是作家贝纳尔，他是真正的智者，在安全的情况下，别管拿了什么，先拿了离门口最近的画跑出来再说。因为现实面前容不得一再犹豫，即使所拿到的不是当时最好的，但只要假以时日，总会升值。

荷马史诗《奥德赛》中曾有一句至理名言：“没有比漫无目的地徘徊更令人无法忍受的了。”

低谷时期谁都有，恐惧的心情谁都体会过，每一个年轻人也都深深地迷茫过。但迷茫不是自暴自弃的借口，意识到方向的重要性，选对正确的方向，比盲目的坚持更加重要。

方向面前，选择放弃也是一种态度。要放弃不适合的，选择最恰当的。人生路上处处充满了选择，大的选择、小的选择都是一条条路，选择了这条，就意味着放弃那条，无头苍蝇般找不到方向，才会四处碰壁；一个人找不到出路，才会迷茫、恐惧。生活中，面对困境，我们常常会有走投无路的感觉。但是，不要气馁，坚持下去，要相信年轻的人生没有绝路，曙光在前方，希望在拐角。只要我们有了正确的方向，就一定能少走弯路，找到出路。

在许多时候方向比能力还重要。选择了正确的方向，人在困难时才有坚持下去的毅力，才能看到光明的希望。即使是才华横溢的人，也会因为方向错误而难以走下去。

2014 年 5 月 24 日深夜 12 点，一片寂静，警车悄悄地驶进西安市火炬路附近的一个小区。双目失明的陆咏因为制作“丧尸毒药”被连夜押回三原县接受审讯。陆咏，是一个双目失明的化工专家，相传为西安交通大学校办企业科创药业公司的实际控制人。他用自己研究出的制毒配方，通过其掌控的合法企业做掩护，编织出一张覆盖十余省市的毒品网络，甚至延伸至缅甸等地。根据媒体的公开报道，2000 年，陆咏还曾率团队研发出抗艾滋病的新药，没想到十多年后，他竟堕落成为“绝命毒师”。

陆咏的邻居说，他酷爱化学实验，但从不跟人打交道。小区门卫说，他在这里上班 3 年多，只见过陆咏两次。陆咏眼睛看不见，却一心沉迷于搞化学实验，弄的“整个小区都有一股酸臭刺鼻的气味”，他连自己家里的洗洁剂都是自己配的。

在一些化工行业的公开信息和报道中，陆咏拥有多重身份。在中国化工网专家库的个人介绍里，陆咏自称“于1995—1997年在西安交大化工学院精细化工公司担任技术负责人。1997年至今一直在交大科创药业公司担任总工和总经理”“专门从事精细化工药物合成方面的技术开发、咨询服务，以及推广及产品生产方面的工作”“亲自开发抗艾滋病药司他夫定，填补了国内空白，并获国家专利；抗癌新药7–乙基–10–羟基喜树碱也填补了国内空白，并获国家专利”。

就陆咏“亲自开发”抗艾滋病新药一事，香港《大公报》于2000年11月5日曾报道称，“主持此项目开发的西安交大副教授陆咏介绍”，“国际上‘司他夫定’的价格每公斤高达5万多元人民币，而他们历时两年开发的产品每公斤价格仅为1.8元人民币，此药每公斤可供一位病人服用3年左右”。

2010年，陆咏还曾作为发言专家，受邀参加第十届国际精细化工原料及中间体市场研讨会。会议的邀请函介绍其为西安科创药业有限责任公司总经理……

然而，事业有成的陆咏在遭遇双目失明、身患糖尿病，生意、情感“双失败”的打击之后，性情大变，开始进行新的化学实验。这一次，他不再为民造福，却选择了一个错误的方向制造绝命的毒药！他制造的毒药，是近几年刚刚兴起的一种毒品，吸食后容易引起幻觉，且会导致急性健康问题和毒品依赖。如果吸食过量，则很容易造成不可逆转的脑损伤甚至死亡。

2012 年，美国迈阿密一个“瘾君子”吸食甲卡西酮后，神志错乱而当街啃食行人脸部。甲卡西酮早在 2005 年就已被中国列入Ⅰ类精神药品，对生产和销售进行严格管制。这种药又被称为“丧尸药”，能给吸食者以及吸食者的周围人带来不可预估的损害。而事业有成的陆咏，居然在家里研究了大量这种传说中令人闻之色变的“丧尸药”！消息传来，全国哗然。

陆咏被绳之以法后，身败名裂。新闻报道了其相关的犯罪行为后，无数网友留言：真是人生方向一旦选错，立刻满盘皆输啊！

是啊，人都是这样，必须有一个正确的方向。无论是身居要职、功成名就，还是地位低下、默默无闻，唯有选择正确才看到希望。

那么，到底什么是正确的方向呢？很简单，你选择了之后永远不会后悔。

清楚自己最想要什么，并非每个人都能做到。选择正确的方向，不让人生留有遗憾，也不是每个人都有这种能力的。但我们不能因为看不清就稀里糊涂地随便选个方向出发，方向错了，走再远也是徒劳无功。这就好比扣扣子。无论是智慧无敌的诸葛亮，还是平凡无奇的臭皮匠，或者我们每一个普通人，人生的扣子从一开始就要扣好，如果没有正确方向，就会过得越来越迷惘，渐渐忘掉初衷，最后很容易走上错误的不归路。因为这时候人的价值观是错乱的，自己都分不清行为是否正确，再要改，比一开始就改正要难很多。

很多人会莫名其妙地走上错误的不归路，那是因为扣错了第一粒扣子，过段时间一看，才发现怎么所有扣子都莫名其妙地全错了？错误方向导致满盘皆输便是此理。

正确方向是逆境中的灯塔。人都是这样，一帆风顺时，大脑空空、思绪放松，从中得到的深刻领悟很少。而一旦遇到磨难，在磨难中坚定心中的方向，有勇有谋有原则，最终冲出黑暗，就会成为一个值得钦佩的人。

很多刚刚毕业的人感到工作艰辛、生活无奈，他们说："你不能奢望一个年轻人废寝忘食、辛辛苦苦工作一年却买不起三平米的房子，还能大谈如何热爱生活。"年轻的上班族容易被灰色心情所笼罩，看不到人生的出路在哪里，于是干脆消极应对，敷衍度日，任由时光流逝。

这些人，大概从没有明白过自己的方向到底在哪里，或者内心有想要追求的东西又觉得不现实，于是迟迟不付诸行动。既然左右为难，为何不先选择一个方向前进呢？就如只能在大火中的卢浮宫里选择一幅画，那么先拿了最靠近门口的那一幅出来了再说。

拿走门口那一幅画的人，日后回忆时，难免会想念"蒙娜丽莎"的美。然而，人生不可重来，变数实在太多，切实可行的正确方向只有一个。那些活在迷雾里的人，一直没有挑出心中的方向来。他们时而活在别人的嘴里，时而活在别人的眼里，从来不肯把自己的人生掌握在自己的手里。

努力非常重要，但方向错了，再多努力也是徒劳。就如追求光明，对的方向好比向黎明前进，错的方向则是朝永夜里沉沦。

认准目标，拿出自己的态度

据说，人死后，要是到了阴间，将面对阎王爷的重新发落。如果做的好事多，来世可再为人；如果做的坏事多，来世就被贬为动物。

有两个人，离开阳界，来到了阴间，胆战心惊地站在阎王爷面前。阎王爷拿起“功过簿”翻了翻，说：“我看你们两个在阳间遵纪守法，没做过什么坏事，准许你们来世仍然为人。”

两人听了都非常高兴。

阎王爷又说：“不过，有两种人间生活，供你俩选择。一种是‘舍’，要懂得放弃和付出；一种是‘得’，可以无限地索取和得到。你们可以随意选择。”

其中一个说：“‘得’好，我要‘得’，这样别人都会给予我。阎王爷，我想清楚了，我要‘得’的生活。”

另一个说：“只要不做动物，能转世为人，我都愿意。”

他们转世为人后，选择“得”的人变成了乞丐，他不断地伸出双手索取，最后衣衫褴褛地倒在街头，而选择“舍”的人则变成了乐善好施的慈善家。

“舍得舍得”，顾名思义，有舍去才有真正的得到。我们可以看到，当今社会许多人，习惯背起包袱，不断地往包袱里增添重量，却不懂得——我们要学习新的东西、要进步，就要敢于将过去羁绊自己的沉重负担扔到一边，以便轻松上阵。

在追求梦想的道路上，比“得”更重要的是“舍”的智慧。

经常看见许多人，想出去尝试不一样的人生，又舍不得当下安逸的生活；想做一番事业，又舍不得花时间和精力；好不容易试图放开手拼搏一回，却左一个担心右一个担心——归根结底，是担心失去当下的一切，是舍不得付出。

如果没有明确的目标，没有持之以恒的态度以及积极进取的精神，人就会越走越迷茫，当碰壁的次数多了以后，自信心就会一点一点地被蚕食掉，最后想重新上路都难了。

目标，是人生的大方向，有了大方向，就好像树有了主干。树的目标是长高，那么旁枝细节该修剪的时候就要毫不留情地修剪。越是舍不得，丢掉得越多，最后根本无法往高处长，可谓捡了芝麻丢了西瓜。

有一些人，想离开自己生存了一辈子的城市去别的地方闯一闯，谋划了好多年，可每当提起来的时候，身边人一质疑，自己再左思右想，觉得外面社会竞争压力大，没有朋友和亲人相助，想必会走得非常辛苦，干脆就耽搁了下来。还有一些人，在社会上待了几年，想考研究生，又觉得太耗费时间，还不一定能考上，一犹豫，宝贵的光阴就流淌过去了。其实，有那些纠结的时间，事情已经做成功一半了！

我们总是有太多的顾虑，过于在乎他人看待自己的眼光，过于小心翼翼，生怕失去当前所有，生怕坚持的方向是错误的，又生怕一旦为之付出努力最终得到的是坏结果。而所有的“生怕”。都源于难舍！难舍过一天算一天的懒惰，难舍当下安逸的时光，难舍虽然单调但是日复一日过下去还有点安全感的日子。其实，真正想把事情做成的人，没有一个不是放手一搏的。

千里之行，始于足下。我们一旦认准一个人生目标，就应当拿出“咬定青山不放松，任尔东南西北风”的坚定态度。没有比自己更强大的敌人，只要能战胜自己，拿出自己的态度，并且让这种态度在心中生根，不管什么样的困难挫折都动摇不了自己时，便已经迈出了成功的第一步。

而成功的第二步，则是付出行动。哪怕每天进步一丁点儿，水滴石穿，总有令人刮目相看的一天。

纵览历史长河，能走最远者，无不经得起风雨、承受得起孤独。如果一个人从不正视风雨，当他突然遭受各种打击时，就只能如同蜗牛一样退缩到壳里去。所以，作为高情商的人，遇到困难就应解决困难，人世间不是所有问题都有精准的答案，但是一定会有一个相对合适的方式让自己跨越难关。

如果豁出一切，最终还是没有达到自己想要的目标呢？

几乎所有人在行动之前都考虑过这个问题。

但是，正在行动或者已经行动过了的人告诉我们，只要做了才会不留遗憾，内心才会宁静快乐，因为人生在追求的过程中已经遍览无限风景，已经趋向了某一种新的完整。对于成功的定义，也有了自己新的诠释。起码，自己这一生是无怨无悔没有遗憾的。多好！

如果你不拿出自己的态度，不能勇敢地跨出第一步，就永远体会不到青春闪耀的魅力。因为这世界上所有的成功，都比不上你问心无愧地活着更成功——活得充实，精彩，有力量，有自己的态度和价值。

正如诗人道格拉斯·马罗区所说：

如果你不能成为山顶的一棵松，
就做一丛小树生长在山谷中，
但须得是溪边最好的一小丛。
如果你不能成为一棵大树，
就做灌木一丛。
如果你不能成为一丛灌木，就做一片绿草，
让公路上也有几分欢愉。
如果你不能成为一只麝香鹿，就做一条鲈鱼，
但须做湖里最好的一条鱼。
我们不能都做船长，我们得做海员。
世界上的事情，多得做不完，
工作有大的，也有小的，
你该做的工作，就在你的手边。
如果你不能做一条公路，就做一条小径。
如果你不能做太阳，就做一颗星星。
不能凭大小就来断定你的输赢，
无论你做什么都要做最好的一名。

人生是个大考场

从上学到现在，你记得自己参加过多少场考试吗？

从小的各种期中考、期末考、升学考，还有人生里非常重

要的高考……大大小小的考试加起来，估计你早就算不清到底经历过多少次考试了吧？然而，做过数不清习题的我们，若以为考场只限于四四方方的几个教室，旁边站几个监考老师，便大错特错了。

人生处处皆考场。

从我们呱呱坠地而“人”起，便面临着各种各样的考试。“考卷”上面都是空白的，命运之神告诉我们，只有一生结束，这场考试才能结束，考卷的分数究竟如何，也只能一生完结后才能知道答案。

在学校的考场上，我们做过无数次选择题，但在生活和工作的考场上，我们面临的选择题比考卷上的要重大得多，因为它涉及人性的善与恶、美与丑、灵与肉，它涉及生命的尊严与唾手可得的利益。相比较起来，学校的考试，再重要也不过是人生中的小浪花。生活之中，社会之上，更多大大小小的考试才是人生里的惊涛骇浪。这大考里，一道选择题就有可能决定一个人一生的命运。

比如世界著名的男高音歌唱家帕瓦罗蒂，就是因为有了正确的人生选择，才最大化地实现了人生价值。

帕瓦罗蒂于1935年出生在意大利的一个面包师家庭。他的父亲非常爱听歌剧，经常在家里听卡鲁索、吉利、佩尔蒂莱等人的唱片，受父亲的影响，帕瓦罗蒂也喜欢上了唱歌，并且常常模仿唱片里的声音。他天赋很高，学什么像什么，声音条件也非常好。长大以后，帕瓦罗蒂有心成为一名优秀的教师，于是考上了一所师范学校。

在大学期间，一位名叫阿利戈·波拉的专业歌手非常喜欢帕瓦罗蒂，就收他为学生教他唱歌。快毕业的时候，帕瓦罗蒂问父亲："我应该怎么选择？教师是我一直梦想的职业，可是唱歌是我发自内心热爱的事情。我到底是要去做老师，还是去舞台上唱歌？"帕瓦罗蒂的父亲说："孩子，如果你想同时坐两把椅子，你只会掉到两个椅子之间的地上。在生活中，你应该选定一把椅子。"

为了生活得更稳定一点，帕瓦罗蒂选择了教师这把椅子。然而，走上讲台的帕瓦罗蒂工作得并不顺心，他无奈地离开了学校，开始选择另一把椅子——唱歌。

17岁时，帕瓦罗蒂的父亲就介绍他到"罗西尼"合唱团去唱歌，在免费音乐会上，帕瓦罗蒂积极地表现自己，希望引起经纪人的注意。可是，时间一天一天过去，他依然默默无闻，音乐事业也不见起色。帕瓦罗蒂一度非常迷茫，因为一起长大的伙伴们都在各个岗位上找到了适合自己的位置，还成了家，而自己呢，这么多年过去了，连养活自己都勉强。天有不测风云，偏偏在这个时候，他的声带上长了个小疖。在菲拉拉举行的一场音乐会上，他的声音突然放不开，在满场的奚落与倒彩中，帕瓦罗蒂被赶下了舞台。

失败让帕瓦罗蒂重新审视了自己的人生选择。难道自己错了吗？难道一开始就应该努力将教师那份职业好好进行到底，而现在，一切都晚了吗？帕瓦罗蒂正要放弃时，他的父亲站出来了，问他是不是发自内心地热爱唱歌？问他是不是愿意为了理想冒一次风险？问他站在舞台上唱歌时是不是发自内心地快乐？如果是的，那么这样的选择即使是错误的，也有必要坚持到底，因为快乐没有错。

帕瓦罗蒂坚持了下来。几个月后，他在一场歌剧比赛中大放异彩，被选中于1961年4月29日在雷焦埃米利亚市剧院演唱著名的歌剧《波希米亚人》，这是帕瓦罗蒂首次演唱歌剧。后来，观众雷鸣般的掌声告诉帕瓦罗蒂，这次演出获得了空前的成功。

1962年，帕瓦罗蒂应邀去澳大利亚演出及录制唱片。1967年，他被著名的指挥大师卡拉扬挑选为威尔第《安魂曲》的男高音独唱者。之后，帕瓦罗蒂的歌唱事业蒸蒸日上，他成为名震国际的歌剧舞台上的最佳男高音。

有人问帕瓦罗蒂成功的秘诀，他说："我的成功在于我在不断地选择中选对了自己施展才华的方向，我觉得一个人如何去体现他的才华，主要在于他要选对人生奋斗的方向。"

是的，在人生的道路上，我们会遇到各种各样的分岔口，站在一些决定一生的岔口边，选择了这一条路就意味着放弃另一条路。如果这一条路的风景让自己失望呢？我们会不会毕生都活在惋惜和痛苦中，将想象力和情感都灌注到另外那条我们没选择的道路上？如果事实证明确实选错了，回去重新选择又不太可能，那么我们要用一生来坚持当初错误的选择吗？或者，还有一种更糟糕的情况，就是我们根本无从选择，只能顺从命运的安排，不管内心深处是多么希望能够有些许的改变。

事实是，人往往只用几秒钟的时间做出了选择，此后的坚持要付出怎样的代价，如人饮水，冷暖自知。人生的考卷实在太难太难，几乎每个人都被这样的题难倒过。

大哲学家苏格拉底是怎样教学生做这一道题的呢？

苏格拉底把学生们带到一片苹果林，要求大家从树林的这头走到那头，每人挑选一只自己认为最大最好的苹果。不许走回头路，不许选择两次。

在穿过苹果林的过程中，学生们认真细致地挑选自己认为最好的苹果。等大家来到苹果林的另一端时，苏格拉底已经在那里等候他们了。他笑着问学生："你们挑到了自己最满意的果子了吗？"大家你看看我，我看看你，都没有回答。

苏格拉底见状，又问："怎么啦，难道你们对自己的选择不满意？"

"老师，让我们再选择一次吧。"一个学生请求说，"我刚走进果林时，就发现了一个很大很好的苹果，但我还想找一个更大更好的。当我走到果林尽头时，才发现第一次看到的那个就是最大最好的。"

另一个接着说："我和他恰好相反。我走进果林不久，就摘下一个我认为最大最好的果子。可是，后来我又发现了更好的。所以，我有点后悔。"

"老师，让我们再选择一次吧！"其他学生也不约而同地请求道。

苏格拉底笑了笑，语重心长地说："孩子们，这就是人生——人生就是一次无法重复的选择。"

无法回头的人生，处处都是考场，我们有必要慎重地对待手中的这张考卷。俗话说，"玩火者必自焚"。意思是，在严肃的人生大考场，来不得马虎与游戏。从生下来懂事起一直到老去离别尘世的那一天，无数细小的考试充溢着我们的生命。错误选项，正确选项，需要我们三思之后去做好选择。游戏人生，游戏考场，最终被游戏的只会是自己。

虽然苏格拉底说人生没有第二次选择。然而帕瓦罗蒂及时醒悟，用全部的心血和热情，争取到了人生不留遗憾，他一直都以极为虔诚的态度在做这张人生的考卷，并实现了自己的价值。

天下考卷虽多，唯人生这张考卷，最不能草率交卷。

第八章 孤独是座用之不竭的宝藏

有人费尽心思去结交各种人，拼命把自己融入人群之中，生怕被时代落下；有人避开喧嚣，一心一意沉浸在自己的世界里，对人际关系有取有舍。前者往往奔波劳累，使出浑身解数，仍然感到生命的真谛离自己那么遥远。后者懂得与人交往的妙处，更懂得在孤独中沉淀和挖掘自我的价值。

没有人能脱离社会组织存在

在英国作家丹尼尔·笛福1719年出版的小说《鲁滨孙漂流记》里，主人公鲁滨孙酷爱冒险，经常瞒着父亲出海。第一次航行遇到大风浪，好不容易捡回一条性命。第二次又偷偷出海到非洲，并小赚了一笔钱。第三次被人俘虏当了奴隶，好不容易逃了出来。可过了一段时间，他仍然对外面的世界充满了新鲜与好奇，决定再次出海。

第四次航海时，不幸惨遭意外，船上所有人全部遇难，只有鲁滨孙活了下来，之后漂流到一个荒无人烟的孤岛上。孤岛上什么也没有，要生存下来是非常艰难的。然而，鲁滨孙会游泳，他游到沉船的地方，用沉船的桅杆做了木筏，把船上的食物、衣服、枪支弹药、工具等运到岸上，在小山边搭起帐篷定居下来。做完这些后，为了防止晚上有野兽侵袭，鲁滨孙用削尖的木桩在帐篷周围围上栅栏，在帐篷后挖洞居住。在洞里，他自己做了简单的桌、椅等家具，平时没事就提着猎枪打野味作为食物，渴了喝溪里的淡水。

过了一段时间，还是没有往来的船只，回到大陆上的日子遥遥无期。他开始在岛上种植大麦和稻子，自制木臼、木杵、筛子，加工面粉，烘出了粗糙的面包。他还捕捉野山羊将它们驯服繁殖，并且自己制作陶器，在荒岛的另一端建了一座“乡间别墅”和一个养殖场。鲁滨孙一边在此生活，一边寻找离开孤岛的办法。15年后，他在岛上发现了脚印与人骨，他非常警惕地观察周围，并在第24年救出了一个差点儿被野人吃掉的俘虏。救人的那天正好是星期五，于是鲁滨孙把被救的俘虏取名为“星期五”。此后，他们两个相依为命。后又救出了一个西班牙人和“星期五”的父亲。不久，有条船在岛附近停泊，船上的水手发生叛乱，把船长等三人抛弃在岛上，鲁滨孙与“星期五”帮助船长夺回了船只，之后带着“星期五”和船长等离开荒岛回到了英国……

有人说，鲁滨孙的经历说明，人是可以脱离社会组织存在的，比如鲁滨孙就在孤岛上生活了将近30年，没有朋友、亲人，没有复杂的社会关系。单单从鲁滨孙的荒岛求生故事里，我们就要惊叹，一个人的能量居然有那么大！当然，这与鲁滨孙出色的个人修养有关系，他是一个坚强的勇敢的漂流者，天性永不疲倦，永不安生，并且愿意付诸行动。他三番五次地离开原本安逸无忧的生活，冒着生命危险出海。陷入困境，又理智勤劳，从不怨天尤人，只是充分利用自己的头脑和双手改造荒岛生活。他一个人，在与世隔绝的情况下，顽强地生活了20多年，并将荒岛开辟成自己的家园，仅这一点，就令人惊叹！

谁说人不能脱离社会组织存在，鲁滨孙不就在事实上脱离社会组织存在了吗？他没有单位、没有领导上司、没有朋友妻女，在漫长的岁月里，只有一座荒岛一个人，甚至连活动物也少……

然而，所有学过马克思哲学的人，都会读到这样一句话：

人类的实践是离不开社会属性的。换言之，鲁滨孙虽然一个人活在孤岛上，但他在孤岛上的生存技巧，一刻也没有脱离过人类的社会性。他修建住所、种植粮食、驯养家畜、制造器具、缝纫衣服，把荒岛改造成了井然有序的欣欣向荣的家园，这些生存技能都是从之前的社会组织里面学来的。他流浪多年，历经千辛万苦，终于获取了一笔可观的财富，并且收服了一位忠心的仆人“星期五”，完成了他那个时代的典型英雄人物的创业历程。他在荒岛上与自然为伴，与在荒岛上不能说话的泥土、植物相守，孤独到只能与自己信仰的神明无声地对话。但荒无人烟的环境并没有让他自暴自弃。恰恰相反，鲁滨孙在这孤独中顽强地完成了自我生存的修炼，为他日后走出孤岛重新回到社会生活奠定了坚实的基础。

如果我们置身荒岛，有几个人有鲁滨孙那样的勇气、胆识、智慧、生存技能以及耐得住寂寞的决心？人生路上，我们脱离不开与人的沟通与交流，即便周围全是人，我们常常还要为得不到理解而痛苦。无数人比鲁滨孙有着更美好的天然生存环境，但跨不过心理的障碍，将磨难、坎坷看得太重。绊住了脚步，使自己不能好好地前进。我们总是憧憬着，如果逃离开眼前的社会，是不是能得到更多内心的安宁与幸福，是不是就能像鲁滨孙一样活得更好？

不要忘记了，鲁滨孙置身荒岛二三十年，从来没有放弃过对人类社会的向往！最终，他还是选择落叶归根，回到生他养他的英国结婚生子。

人是一种社会性动物，孤独是我们每个人身上难以摒弃的自然属性。这个社会上没有不孤独的人，只是敏感的人孤独感非常强烈，而大部分人在表面上不当一回事罢了。低等动物也分群居和独居两种，何况人呢？群居动物害怕孤独，独居动物喜欢孤独。人本质上便是离不开群居生活的独居动物。所以，我们往往既害怕孤独又喜欢孤独。对孤独的喜欢，不能超过一定的界限，一般人都是点到为止的喜欢，如果过于沉溺其中，和整个世界脱离开来，回到现实中就难以生存下去。只有如鲁滨孙一样，从不畏惧，但也从不丧失对人类社会美好的向往，安然处之，才是正确的生存哲学。

印度哲学家克里希那穆提认为，人们读书、娱乐、交友、恋爱、结婚、宗教、信仰、工作、活动、兴趣、爱好、权力与金钱欲望等都是为了分心。分什么心？分孤独的心。人们怕自己无事可干而感觉到孤独，怕由孤独感引发莫名的焦虑、恐慌与不安。

古版《圣经》里，还有另外一个传说，人原本是一体，上帝嫉妒人类无忧无虑地生活，便把人劈成两半，一半为男，一半为女，这样，人类一生下来就不得不面对孤独与不完整。每个人都穷极一生在努力寻找另一半，在这寻找的忙碌里，人们分了孤独的心。在找到以后，才能摆脱孤独的折磨。

这说明，人与人之间永远是相互需要的，没有谁天生就自成一体，可以与世界不打交道而安然活到老去。何况，在现今的复杂大环境里，一个人，想单枪匹马做出一番事业来，显然是很难的，甚至可以说是不可能的。唐三藏西天取经需要悟空、悟能、悟净和白龙马一路斩妖除魔，护送到底；《红楼梦》里的林黛玉再清高，在秋雨之夕也盼望贾宝玉过来和她说几句心里话。

这个世界上有许多人，有的光芒四射，有的臭名昭著，而更多的人则平淡无奇。我们或羡慕他人的光环，或鄙夷臭名昭著者，而更多的是在平淡无奇的现实社会中饱受成年世界灰色地带的打磨。活着一天，就得与世上之人打交道一天。我们任何人，是不可能完全脱离社会组织而存在的，即便是荒岛上的鲁滨孙，也需要“星期五”的陪伴；脱离社会组织二十多年来，回英国后第一件事就是结婚生子。

毫无疑问，人的生存，需要与其他人进行合作。在奋斗的路上，我们需要具备良好的团队精神，需要向他人学习，也需要处理好自己的社会关系。

懂得享受孤独很重要

1886 年 5 月 15 日，美国著名诗人艾米莉·狄金森死于肾脏疾病。她在《孤独是迷人的》一书中最后一则日记中写道：“我不会有肉体的子嗣，但我有神圣的安慰。上帝给了我一种不同的繁衍方式，我的小孩来自我的心灵，我永远的子嗣。我灵魂的狂喜。我欢迎这快乐的阵痛，让诗与创造者分离。现在让岁月见证它的成长，让未来为这个选择评断。这些事情我会向父亲解释，如果我可以的话，也请他耐心地等待将来的收获。”

艾米莉·狄金森，作为 19 世纪的美国女诗人，青少年时代的生活平淡无奇，受的是正规宗教教育。她从 25 岁开始弃绝社交，像女尼似地闭门不出，过着孤寂隐居的生活。她认为世界如此喧闹不安，她要远离它，退避到用自己的灵魂建筑的小天地里。她在与世隔绝的孤独中埋头写了30年诗。留下1700余首诗；生前只发表过七首，其余的都在她死后才出版，并被世人所知。她的诗歌在死后面世，都震惊了整个美国文坛。她被视为20世纪现代主义诗歌的先驱之一。

美国人献给艾米莉·狄金森的铭文是："啊，杰出的艾米莉·狄金森！"

如果评比谁是美国最孤独的人，那么艾米莉·狄金森肯定能被排为榜首。

孤独，这一个敏感的话题，它能毁掉一个人，也能成就一个人。从某个角度来说，呼吸着的每一个人都是孤独患者，每一个人都在自我的世界里写着给自己的孤独书。只是有人当孤独是一种痛苦的煎熬，有人却沉溺其中，将它看作迷人的正面力量。在这股力量里，艾米莉·狄金森把自己幽闭在个人心灵深处，终身未嫁，也未出过远门，但一心一意地写心灵深处的诗歌。那些诗里有花，有树，有月光，有爱情，也有死亡。凡世间所能感受到的一切美好情感，艾米莉·狄金森的诗歌里全都有，只因，她会享受孤独。

这里并不是规劝每个人都成为像艾米莉·狄金森那样与世隔绝去写诗的自闭诗人，只是告诉大家，当你在熙熙攘攘的时代漩涡里出不来，感到众人抛弃了你，而独自在孤独的黑夜中感到生的颓废与绝望时，不如想一想艾米莉·狄金森。在这个世界上，比我们孤独的人，多的是啊！如果鲁滨孙在孤岛上不能安然享受孤独，估计他早在绝望之中将猎枪的枪口对准了自己的头部。如果艾米莉·狄金森不能在孤独中感触到更多的美好，那么美国的诗坛必将大失其色。

孤独的体验人人都有。有人说孤独是一种悲伤的情绪，“孤独的人是可耻的”。也有人说孤独是一种凝聚个性的心境，在心平气和之中能体会到自己在这个世界上存在的重量，也便才有了真正的自我。世界上许多艺术大师的灵感都来自孤独，多少伟大的文学作品都是从孤独中诞生的。而最有成就的人，不管哪行哪业，多是在孤独中产生的。悉达多没有悟道前，在孤独之中痛苦，于雪山修行六年，每天只吃一颗稻谷，瘦得不成样子，直到有一天大彻大悟。没有极致的痛苦与孤独，他是无法参透这世间万象的智慧的，也就没有今天我们所了解的悉达多了。

中国文学，自古以来便带着一种浓浓的孤独意味，不管是“古诗十九首”，还是屈原、李白、苏东坡、曹雪芹……在孤独的智慧里，中国人产生了一种神圣的宗教情结。我们可以看到，中国古代的诗词、散文、杂文，大多分为儒、释、道三家情结。李白、陶渊明偏向道家，王维则偏向佛家。东方的宗教，显然是一种诗意孤独的产物。而古今中外几乎所有优秀文学艺术作品的创作者往往都是经历了内心长时间的孤独，才沉淀出显达的智慧。不要嘲笑孤独，也不要恐惧孤独，当孤独感压顶而来无法摆脱时，不如遵从内心的意愿好好享受它。

孤独成就高贵，成佛修身也是在凤凰涅槃的孤独里诞生的。整天为世间的功名利禄忙得不可开交永远无法静下来，追求肤浅的刺激快乐的人是无法体验到人生的孤独智慧的强大的。大部分人的性格具有多面性，有时开朗，有时封闭，有时活泼，有时安静。当孤独感在某个夜深人静的时候重重压在心头时，或许我们更该平静下来，将心放空，在这孤独里好好反省一下自己的人生。在孤独中自在自得，那样的人生境界，不是每个人都能得到的。

在周围过于喧嚣热闹的时候，我们会说：“就想一个人好好地待一会儿。”人总是需要一个心灵空间的。如果会享受孤独，那么当孤独来临的时候，我们将心情调节到一种舒适放松的状态，在静静的夜晚，感受时间飞逝，领悟活着的真谛。那么，我们或许会更加懂得珍惜身边人，珍惜眼前的生活。有人说，没在深夜痛哭过的人不配谈人生。而在深夜失眠过的人，会格外明白孤独的滋味，也更明白人世间的尔虞我诈不如洒脱真诚的微笑，没有杂质与污染的时光更有明澈之美。

我们不用刻意拒绝孤独，升华与净化孤独感比逃避更重要。诚然，不是所有人都是伟大的艺术家、文学家，更多的人不过是普普通通的平凡人。但平凡人也有怀旧和品味孤独的必要，只是当孤独成为一种负担的时候，要学会超脱。

对于有些不合群的人，孤独是侵蚀心灵的毒药，过于自闭也会成为一种病态。他们不管是学习还是与人打交道，都会有诸多不便。许多孤独感强烈的职场新人，不善言辞，不知道怎样跟人打交道，轻易地就陷入了“人群孤独症”之中。这种孤独症，不仅消减一个人适应周围环境的能力，让心灵受到伤害，还会影响学习与生活。学生过于不合群，不仅会影响学习成绩，而且很容易导致与同学之间滋生误会和仇恨。震惊中国的“马加爵杀人事件”，凶手无法摆脱的孤独感也是这场悲剧的一个重要原因。而走入职场之后，“职场孤独感”更会让一个人的职业生涯就此中断，使其无法施展自己的才能。

人是无法摆脱社会属性的群居动物，每当融入一个新的环境，都需要时间的调节。但有些人的工作性质以及个人性格也决定了他们是难以主动采取行动的，于是在不知不觉中成了一群“孤独者”。

有人说，在职场中，短期的孤独是有必要的，要融入一个新的工作环境，我们必须学会观察，必须与所有人都保持必要的心理距离。观察什么呢？观察一切，从人到公司内部，包括领导与同事的做事风格，企业各部门的职责和部门之间的合作方式。

我们常听人说“怀才不遇”，就是因为很多人往往吃亏在只考虑做事，没考虑到如何观察和在观察中做人上。如果是一个能力很强的人，进了新公司，急于做事表现自己，这样错了吗？主观上没有错，但对一个新人来说，客观上会损害别人的利益。新人来了，有的老人会担心自己的工作被他抢走，“抢走”就意味着失去了谋生的本钱。如果新人态度不那么好，老人又担心自己费了半天劲，培养出一个不懂得感恩的白眼狼。如果把自己的知识和经验都传给新人，新人将来也许会过河拆桥，这是老人不自信、没有安全感的体现。说白了，就是自我保护，以保证自己的生存本钱。所以，自古以来，师傅带徒弟，大多师傅都会留一手。所以，职场上孤独感很强的新人一定要谦虚做人，与人为善，主动利用自己的长处帮助别人渡过难关，别人就会知道你是可以信任的，不会只考虑自己往上爬，而是兼顾大家的利益。到时，大家就会愿意帮你，并且在别人面前说你的好话。

初入职场难免会有强烈的孤独感，这些经历是每个工作的人必须经历的。但要学会挣脱孤独的束缚，顺利融入新的集体中，这样才能在这一领域有所突破和上升。不能总一味逃避，沉浸在自己的小天地之中，这样的孤独感也是对自我的一种伤害。

说白了，世界上人人都是孤独的。对于强烈的孤独感，处理不当会使其变得比毒药的危害还大；处理得当，孤独就是一段云淡风轻的惬意空白。更多时候，我们应当坦然面对，坦然面对眼前的人生，也坦然将孤独化作一种享受。

世人的优缺点就如自己的镜子

照镜子，是每个普通人日常做得最多的事情之一。通过镜子，我们能及时修正面孔上不得体的细节，整理凌乱的发型，让自己更加完美。一个时常照镜子的人，一定很注意自己的形象，衣着必然得体，走在人群中必然自信。镜子是如此寻常又美好的物件，它能让别人眼里的自己一览无余地呈现在自己眼前。然而，普通镜子，只能照清面孔是否整洁，而心灵镜子，则能照出人性的美丑。

什么是心灵的镜子呢？

唐朝宰相魏徵以敢于向皇帝直言进谏著称于世。不管什么时候，只要唐太宗有不对的地方，魏徵就会据理力争，进行劝说。唐太宗也是普通人，也有普通人的七情六欲与脾气，有时候也会被魏徵说得勃然大怒。可魏徵从不看君王的脸色，照旧该说的说、该指责的指责，从来不怕说出来的话皇帝不爱听，甚至专挑唐太宗不爱听的说，前后共劝谏唐太宗200余次。唐太宗也很了不起，能忍耐下来并将魏徵的意见听到心里去，且付诸行动。而魏徵也为唐朝初年社会经济繁荣局面的出现做出了重要贡献。

平常，唐太宗有时候对魏徵是又怕又厌恶的，然而，等魏徵病逝后，唐太宗却悲伤地说："用铜作镜子，可以照见衣帽是不是穿戴得端正；用历史作镜子，可以知道国家兴亡的原因；用人作镜子，可以发现自己做得对与不对。现在魏徵死了，我失去了一面最珍贵的镜子。"

唐太宗失去的这面珍贵镜子，便是魏徵的直言之镜。魏徵的言语多是针对唐太宗的言行展开的，总的来说，唐太宗是在借魏徵之口为镜来看自己的优缺点。其实，在我们生活中，无处不成镜子，他人都可成镜。

理想是一面镜子，现实也是一面镜子。理想的镜子告诉我们，前面景色美好，值得为之奋斗努力，现实的镜子告诉我们，生活既是残酷的也是竞争的，我们要学会正面现实。但不管理想之镜还是现实之镜，都是为了让自己更完美，明确自己在别人眼中的样子，让自己更自信。

"静坐常思己过，闲谈莫论人非"是指一个人要善于反思、总结，让自己成为自己的镜子。我们在父母、老师的教导下，从小就是自己的镜子。哪里做得不好，师长们会立刻指出来。许多行为规范、道德标准也是一面镜子，我们对着镜子做人，将缺点改掉。而法律是世界上最清晰明亮且严肃的镜子，人性的污垢在这面镜子的照射下显得尤其丑陋，而这种丑陋超越了世俗所能承受的范围，于是犯人就要接受法律的惩罚。

以自己的行为作镜子，是每个人成长过程中司空见惯的。而以他人作镜子，则是只有大智慧的人才能达到的境界。

什么是以他人作镜子呢?

春秋战国时期，孔子带着弟子们周游各国讲学，宣传“仁爱”思想。由于当时各国诸侯混战，孔子师徒一行经常遇到危险。有一次，孔子受困在陈蔡一带的地区，有七天的时间没有尝过米饭的滋味了。

有一天中午，他的弟子颜回讨来一些米煮稀饭。饭快要熟的时候，孔子看见颜回居然用手抓取锅中的饭吃。

孔子故意装作没有看见，当颜回进来请孔子吃饭时，孔子站起来说：“刚才梦见祖先了，我要把食物先献给祖先后才能进食。”

颜回一听，连忙说道：“不行，刚才我看见有煤灰掉到锅中，所以把弄脏的饭粒拿起来吃了。”

孔子叹息道：“人可信的是眼睛，而眼睛也有不可靠的时候，所可依靠的是心，但心也有不足靠的时候。”

在这个故事里，孔子以颜回的品格照见人类眼睛也有不可靠的时候，便是以他人为镜子。

通过别人的言行而照见自己的缺失，是睿智者的选择，是有社会责任者的人生使命，是人格健全者的自我修养。人这一面镜子，照亮的不仅仅是脚下的路，还有前面茫茫的未来。

以人为镜，他人身上的优缺点都能借来观照。拿着这面镜子，对于他人身上讨厌的习气和言行，我们可以反思自己是否同样有；对于他人身上美好的品德，我们同样可以拿来勉励自我。有了这面镜子的观照，我们就更有勇气和智慧走完当下的路；拿着这面镜子，在前面的路上就能少走许多弯路和错路。

第九章 抱怨社会，不如先做好自己

想象一下，如果你身边有这样一个人，对生活充满了怨气，时间久了，你是不是也在潜移默化中越来越烦恼、越来越不轻松？抱怨就像传染病，不知不觉，负面情绪就跑到了自己身上，终日沉溺于阴霾之中的你会发现身边的人都在渐渐远离。

抱怨那么多，真的有用吗？光靠抱怨就能改变这个社会吗？

没人爱听你的抱怨

张爱玲说：“生活是一袭华丽的袍子，上面爬满了虱子。”谁的人生是一帆风顺的呢？每个人在日常生活中都有烦恼，不如意之事十有八九，如果将“华袍”上的“虱子”一一扩大，那么无尽的烦恼将变成生活的全部，而这个世界是永远抱怨不完的，正常的生活就没法进行了。

我们发现，在生活之中，总能听到各种各样的抱怨，老师抱怨学生上课不认真听讲，家长抱怨孩子不体谅自己的苦心，孩子抱怨父母压根儿不理解自己，上司抱怨员工业绩不够出色，员工抱怨公司制度不合理……几乎每个人都抱怨过人生的不如意。

老人说，人生不过百，常怀千岁忧。我们人类天生是有情感的动物，在日常生活中，有这样或那样的忧虑是难免的，甚至我们应该有点忧虑之心，因为人无远虑、必有近忧嘛。但是，当将一些忧虑和烦恼用放大镜扩大，变成一种永无休止的抱怨，通过口头表达出来时，意思就完全变了。

一个完全没有抱怨的人，不近人情。一个只有抱怨的人，则令人敬而远之。

负面情绪就像侵蚀心灵的慢性毒药。当我们耳濡目染，中毒越来越深的时候，我们的生活态度、言语举止、处世风格就容易被“抱怨”的毒性吞噬，甚至病入膏肓，意志也不断地被负面情绪打压，直到压死骆驼的最后一根稻草落下，精神之堤被生活的洪水冲垮……最可怕的是，人世间有那么多抱怨，其实只有一小部分抱怨是说给别人听的，大部分抱怨都是说给自己听的，或是别人说给我们听的。我们静静地坐着，听人家给我们讲那些不如意的故事、琐碎的细节，或者我们讲起自己的不满时，并不在乎别人有没有在听，倒是自己越讲越气愤，越讲越上瘾。

我们总以为这样的抱怨能够疏导情绪，但恰恰相反。我们听了很多不如意的故事，看到了很多对方方面面都有不满的人，时间久了，常年沉浸在抱怨世界里的我们面部表情会越来越刻薄，生活中的不顺也会越来越多。我们习惯了抱怨，给别人留下了非常消极负面的印象，甚至大大影响了生活乐趣。我们将在艰难的环境里变得喋喋不休，人际关系也越来糟糕。

如果我们还记得鲁迅的小说《祝福》里的祥林嫂，也许就会清楚人们对于爱抱怨的人的态度为什么那样冷漠了。祥林嫂一生坎坷，好不容易再嫁丈夫，生了个聪明伶俐的儿子，没想到丈夫突然得病死去，儿子也被狼叼走了。家庭变故重重打击了祥林嫂，她开始没完没了地唠叨儿子被狼叼走的故事。一开始人们眼里还有泪滴，还同情她、可怜她。可是到了后来，就没有人要听了，人们都嫌弃地皱起眉头，说：“又来了，又来了。”抱怨久了，人们不再视祥林嫂的苦难为苦难，反而轻看了她。因为人们在那样没完没了的牢骚中，只看到一个无能而绝望的女人，大家的日子还要继续啊，谁愿意在这情绪里永无止境地绝望下去呢？

没有人愿意成天跟祥林嫂在一起，同理，也没人愿意跟整天爱抱怨的人在一起。大家都牢牢地守着好不容易得来的幸福生活，生怕抱怨这个缺口一打开，自己也变成令人厌烦的祥林嫂。心理学上有个“破窗效应”，是说一个房子如果窗户破了，没有人去修补，不久，其他的窗户也会被人打破。任何坏事，如果在开始时没有阻拦，形成风气，就不容易改过来了。就像河堤，一个小缺口没有及时修补，就可能会造成溃坝。抱怨也是这样，一个人抱怨，没人制止，这个人的抱怨就会越来越多，负面影响也会越来越大。这些抱怨毫无疑问地对当事人的身心健康都有害，也将破坏听者的心情。

抱怨的人在表达自己不满的时候往往是无意识的，他觉得自己受了委屈，希望通过这种表达获得自身心理的平衡，但抱怨者表达的都是生活中不美好的东西，而不是美好的东西。当不美好陈述多了，听者自然会心理疲惫。并且，抱怨虽然能使人暂时获得自身心理的平衡和别人的同情，但是自己仍然是一个无助的可怜的弱者。人生谁都有不如意，为什么只是一味地抱怨而不是行动起来去改变呢？抱怨，是将时间浪费在劣质情绪上；行动，才是解决问题的思路和对策。只有经过冷静的思考，自己强大起来，面对问题、解决问题，远离抱怨，才能变成生活的赢家。

有一个小山村，里面有两个农民想出去看看外面的世界，他们一起挤上了去往北京的火车。火车上，天南地北的人都有。有人说："北京繁华是没错，但是干什么都需要花钱，甚至问路也需要花钱，我觉得北京这个地方太物质了。"一个农民听了，心里非常着急、恐惧。到了北京以后，每当遇到不如意就抱怨说："早知北京这么物质，这么商业化，就不跑出来了，还不如留在小山村呢，这以后的日子可怎么过啊！"而另一个农民听了之后眼睛亮了起来，心里琢磨："问路都需要花钱？这说明北京可真是个风水宝地，到处是黄金啊！居然连带路都能挣钱！"

过了些年以后，眼睛亮起来的农民成为了资产上亿的企业家，而那个抱怨的农民却依然是个普普通通的底层外来务工农民。

两个人，同样的背景与机会，一个具有的是积极态度，一个具有的却是消极态度。两种不同的态度导致了截然不同的人生命运。只因为，抱怨百害而无一利。在抱怨里，时间都被情绪占据消磨了，已无心寻找解决的方法，对周围的不满和戾气也越来越重。而戾气越重，困难越多，人生的路越是难以走得顺畅。这样恶性循环，导致爱抱怨的人一直处于弱者的地位。他们在短时间内能得到别人的谅解与同情，然而，时间久了，难免让人看不起。

同样的人生，同样的俗世烦扰，为什么非要去做那个让人看不起的弱者呢？我们不如将抱怨的时间拿来修炼，多看书多与外界打交道，培养积极乐观、勇敢坚强的态度，面对困难，解决困难。当生活中的一切都令自己不如意时，就静下心来，让自己从无序忙乱的状态调节成井井有条的状态，让自己从无所适从的状态调节成有始有终的状态。抱怨是一个泥潭，在生活中，灵魂不可能因为抱怨而找到出路。

正视自己，接受现实，学会感恩，学会放下，以宽容之心面对整个世界，自己才是拯救自己的上帝。吃点儿亏不算什么，受点儿伤害也是小事，现实里谁都遇到过或大或小的不如意。

远离抱怨，我们的眼睛才能更加清明，才能看到更美的风景，收获更快乐的人生。

珍惜时光，努力趁年华

有一个庸庸碌碌的年轻人，感到自己的生活实在太无聊了，听说一个哲学家很厉害，就特地去拜访。

哲学家问："你为什么来找我呢？"

年轻人说："我忙忙碌碌，却一无所有，恳请你给我指明一个方向，使我能够找到人生的价值。"

哲学家微微一笑："你真的已经一无所有了吗？你好好想想，你有那么大一笔财富难道没有发现吗？"

年轻人苦笑："怎么可能，世界上没什么比我更废物的人了。"

哲学家说："时间老人每天在你的'时间银行'里存下了

86400秒的时间，你还不富有吗？”

年轻人说：“那有什么用处呢？它们既不能被当作荣誉，也不能换成一顿美餐……”

哲学家严肃地打断了年轻人的话，问道：“难道你不认为它们珍贵吗？请你去问一个刚刚延误飞机的游客，一分钟值多少钱？你再去问一个死里逃生的‘幸运儿’，一秒钟值多少钱？最后，你去问一个刚刚与金牌失之交臂的运动员，一毫秒值多少钱？”

哲学家的话让年轻人惭愧地低下了头。

哲人继续说：“只要你明白了时间的珍贵，去发现一件自己想做的事情，那你脚下的路便会慢慢明朗起来。”

是的，我们每天都拥有86400秒的时间可以支配。如果不珍惜，这86400秒就如同一阵风，吹过就只剩空白。如果懂得珍惜，每一秒的时间都能给生活涂上一抹鲜艳的色彩，那么人生答卷自然就会越来越绚丽。

简·爱说：“我很贫穷，低微，不美丽，可当我们的灵魂穿过坟墓，当我们站在上帝面前，我们是平等的。”这世界上每个人最公平的归宿——坟墓，无非也象征着流淌的时间。

最为值得珍惜的，最容易消失的，还是那流淌的时间。

时间看似握在我们手中，却残酷地过去了就不再回来。世界上有很多人可以再遇见，很多失败的实验可以重新做。没有说好的话可以再进行修补……唯独时间在不经意间过去了就回不来了。它是一条直线，只是向前，抛在后面的，是纷纷扰扰的人生，是不留意的每一个瞬间，也是我们一去不复返的青春岁月。

在电影《重返二十岁》里，坏脾气的老奶奶沈梦君，除了前管家李大海之外，没有人喜欢她，家人都要将她送入养老院，沈梦君在伤心之际路过照相馆，想留下最后的影像，没想到这一拍竟将沈梦君的外貌变成了 20 岁的年轻少女，重返 20 岁的沈梦君，在新的时代燃烧了自己年轻时候的音乐梦想，并有了恋爱的感觉。所有年轻时为了家庭而失去的东西，她都在这时得到了。然而，最后，在孙儿面临危险需要输血时，她明明知道失血会让自己失去年轻的面貌，还是义无反顾地输入了自己的血重新回到了 70 岁的迟暮之年。这个电影让许多人流泪，也让许多人想起了妈妈年轻时候的美丽。时光是这样无情，我们看到的每一张刻满皱纹的面孔，都曾耀眼和美丽。

时光无时无刻不在流逝，岁月分分秒秒都在变迁，光阴无一例外要在每个人身上留下刻痕。时光也最温柔多情，能把不同的人带到同一个时空；时光又最冷漠公正，人人都要在时光面前意识到孤独的真相。

在流淌的时光面前，“树欲静而风不止，子欲养而亲不待”成为许多人一生最大的遗憾。在寻常的日子里，没人意识到彼此陪伴的必要，在亲人悄悄老去的时候，又觉得还有大把的时间可以等，想等以后自己工作更稳定出色了、事业发展了，再去关心正在一天天老去的亲人。而现实中的我们永远有忙不完的琐碎事，永远有许多理由去忽略最重要的亲人，直到后悔的那一天来临……

对待梦想，我们很多人的态度也是这样的。总想着，等以后有时间了，条件允许了，再去自己想去的地方，再去做我们内心最渴望做的事情。而真实的情况往往是，时间把人变得越来越疲惫，曾经的激情渐渐熄灭，最后甚至想不起来，自己曾经最渴望去看的那一片风景到底在哪里，最想做的事情是什么。

其实这是一种悲哀。匆匆忙忙几十年，人活着到底是为了什么呢？不轻松的人那么多。可大部分人把时间和感情“贡献”在了最不值得的琐事纠纷上。那些值得我们陪伴关心的人，心里最渴望做的事情，反而成为可望而不可即的一个幻想。

时间就这样一去不回头，再伟大的科学家、再先进的科技手段，也无法将流过去的时间拦截住。鲜花烂漫，万紫千红，是春的痕迹；树叶摇摆，光影斑驳，是风留下的痕迹；唯独美人脸上的皱纹，却是岁月留下的痕迹。

我们在幼年之时，语文老师就在课堂上教：明日复明日，明日何其多。我生待明日，万事成蹉跎。”“百川东到海，何时复西归。少壮不努力，老大徒伤悲。”

既然该懂的道理大家都心知肚明，既然知道时间一去不复返，那么就行动起来吧——不要把今天的事拖到明天去做，不要把今天的梦想带到明天再去实现，不要让今天该珍惜的人等到明天只能去惋惜。

世事风云变幻，明天还有新的人生要面对，没完没了地等待明天，人的一生总共有几个明天呢？今天，就是我们过去心心念念所期待的明天。所以，珍惜当下，勇敢行动吧！不然，所有的心愿种子，永远都无法发芽，更遑论成长。

第十章 没有熬不完的黑夜，没有到不了的明天

人一定要坚持啊，多少人没有走过生命里的某个坎儿，从此自暴自弃甚至丧失生命。多少人咬紧牙关，渡过了难关，病树前头万木春，在折磨之后重新看见新的景象。在漆黑的夜里，在觉得一切都好不起来的时候，我们一定要忍一忍，心怀最后一丝美好的期待，因为黎明总是在最黑暗的时刻过去后才会来的。

几乎每个人都会遇到感情问题

人们在孩提时代天真无邪、笑容烂漫，而一步入青春期，烦恼就如泰山压顶般袭来。青春期是许多人一生的分水岭，这里有最美的色彩，也有最单纯的迷惘。只是经历过的人，往往空怀满腹愁肠，待时间过后，才追忆生命里曾经有过那样动人明澈的时光。

从青春期开始往后的很长一段时间，几乎所有青年都会开始思考，人是什么？生命有何意义？我们来到这个世界上是为了什么？为什么活着会遭遇那么多不愉快？情感为何物？

一提起“情感为何物”，几乎每个人都会将目光投注在上面。因为人类本就是情感动物，无情而不存在。我们每一个活着的人，都有自己的情感经历。这些情感里包括爱情、亲情、友情……人只要活在世界上一天，就有情感问题要面对。

人们羡慕那些家庭和睦、爱情顺利、友谊长久者，但你不是他们，怎么就知道他们的一切都如看上去那么光鲜美好呢？一个正常的人，在日常生活中，从生到老，这漫长的过程中，无一例外都要产生情感的困惑。哪怕感情顺利甜蜜的人，也有产生矛盾冲突的时候，而更多感情不顺的人，他们则隐藏了自己背后的故事。其实，稍微想一想就知道，是个人，就会有自己的感情经历，就会有在感情中遇到的困惑或挫折。

无数人，跌跌撞撞，在社会上撞得头破血流也不明白自己活着的价值，最后转为一腔怨气，对人对事充满了悲观，认为自己是世界上最不幸运的人，甚至有人干脆破罐子破摔。我们今天经常可以读到类似的新闻，某某在公交车上泼汽油点火，造成惨痛的生命事故，警方介入调查后真相大白，原来肇事者只因经历了几次挫折，情感上饱受伤害，就开始报复社会。

报复社会——是一个冲动、愚蠢且自私的行为。怒火中烧的人，找不到惹怒他的导火索，就如无头苍蝇般将魔爪伸向无辜的一小撮人。他以为同归于尽能稍稍平复胸中的不平，却以最没意义的方式给那么多家庭带来更大的不幸。或许这一类人的初衷就是自己不好过别人也别想好过。然而，爆发以后，他的问题解决了吗？没有。

成年人的感情世界趋向隐秘而复杂，许多人都选择将情绪压抑在心底，当内心不堪重负时，有些人就选择以极端的方式来发泄……

2013 年 5 月 22 日上午 11 时 20 分，长沙县公安局星沙派出所接到一位山东咨询师的电话，他在电话里说有三个年轻人在旅馆里自杀。民警迅速赶到星沙汽车站附近的一座旅馆内，踹门而入救出了两名打算烧炭自杀的男子。在屋内，一名男子一动不动，头朝房门，另一名男子仰面躺在靠窗的白色床单上。民警展开后续调查后才知道，两名奄奄一息的男子年龄均为 20 岁，一个来自四川，一个来自广西，他们都对现状感到非常不满，后来和长沙一个网友约好过来一起自杀。来到以后，长沙网友迟迟没有出现，他们就选择两人先“上路”了。

2014年12月14日，在南宁市中心的一座桥上，一个年轻的男孩子突然跳进了茫茫江水中，原本一直在劝说他的市民立刻报警。有人告诉闻讯前来的记者，当时，他看到跳江男子站在大桥防护栏突出的水泥板上，一直在哭泣，路人劝男子不要做傻事，男子不听，只是伤心地哭泣。有人说：“孩子啊，你这么年轻，做傻事太不值得了！要好好活啊！”男孩子突然哭着对劝他的人跪下了，说：“对不起啊，谢谢了！”说完转身跳入茫茫江水之中，在水里扑腾几下就沉下去了。周围人赶紧报警，但救援人员多次搜救，依然没有找到男孩子的踪影……

2015年6月17日下午，重庆女孩刘丽在成都双流报警，称自己一氧化碳中毒。原来，她在网上与一名成都男子相识，两人一聊，才知道双方都正“被情所困”，于是刘丽在6月16日下午给母亲发了一条短信：“妈妈，我活不下去了，你要好好活着。”然后关机，与男子相约自杀……

经常接触网络的人会看到许多因种种原因而轻生的年轻人的消息，那些消息从页面弹出来，越来越频繁。那些人大部分是因为感情上过不去。我们刷看评论，就会发现一大片吐槽：“你爸妈真是白养了你。”“真想不通，为什么死都不怕，还怕活着！”看到这样的评论时，是不是会更深一步想，这些人怎么了？是什么原因导致他们宁可结束生命也不要当下的青春年华与后面拥有无限可能的美好生命？

同样的社会，同样的出身背景和成长环境，又受到同样的教育，面临同样的人生大问题，为什么有人选择迎难而上，而有人选择逃避呢？同样是从差不多背景、同一片蓝天下成长出来的年轻人，为何走着走着就会分岔了？甚至两个表面看来一模一样的双胞胎，在遇到同样的挫折时，也很有可能一个走向心理阴暗的不归路，一个选择拨开云雾见青天？

法国著名社会学家迪尔凯姆把自杀分为四种类型：第一，利己主义自杀，在极端个人主义支配下，个体脱离社会，远离集体，空虚孤独，丧失社会目标而自杀；第二，利他主义自杀，这往往是由个人利益服从于某种集体利益所促成，如老人或病人为了不给亲属增加负担而自杀；第三，反常自杀，它主要发生在社会大变动时期或者经济危机时期，个人丧失对社会发展的适应能力，对新旧价值观念的冲突无法解决，或因社会变动而造成个人沉沦；第四，宿命论自杀，这是集体强加于个人过多的规定与束缚造成的，个人感觉前途黯淡，压力过大，因此选择自杀来结束自己的生命。

自杀发生概率最大的群体除了无助的孤寡老人就是年轻人。年轻人的自杀类型多为第一类与第四类。

年轻人敏感，自尊心强，好冲动，感情用事，这些特征本来是好的，比如许多创造性行业就需要这样的潜质，并且只有年轻人才能做成。然而，成也萧何败也萧何，感情用事的年轻人很可能因为敏感自尊、冲动好强，在与社会阻力发生冲突时，变得像玻璃一样脆弱，渐渐不再相信一些单纯美好的事物，以游戏和放纵的态度对待感情，伤人又伤己。

为何那么多年轻人遇事就慌了手脚，甚至万念俱灰竟然悲观到要放弃生命呢？谁都要成长，谁都有成长的痛，蝴蝶破茧而出的那一刻，是每个更进一步的人都要体验到的。黑暗，迷惘，无助，是生活中不可避免的常态。人世间饱尝孤独滋味的不只是你一个人。要学会忍受，学会豁达开通，这样才会成熟睿智起来。到了不熟悉的环境，面对形形色色的人和事，才能用勇气、担当与坚持赢得成功。我们难免会有连一个说心里话的人都没有，连一个可以放肆地倾诉的地方都找不到的尴尬时候，然而，备受挫折的我们，千万不能浮躁，将不顺利折成满腹怨气堵在心里，对社会产生仇恨，更不要从此对生命和生活都失去了勇气和热情。

年轻人要懂得有节制地处理自己的情感，没有苦中苦，哪来甜上甜？人世间的磨难都是财富，失败都是为了成功做奠基。恨过的人往往更明白心平气和的爱有多幸福多甜蜜。

没有人不经历感情的痛，这世界上在承受孤独的不只你一个人，与其一味地逃避与埋怨，不如化为享受和力量。

唯有坚强带你见到光

所谓坚强，便是心理素质好、承受力强。当你遇到坏的事情或者身陷困境时，要有乐观的心态和走出困境的勇气。坚强具有最强硬的脊梁骨，但不是霸道与强势，而是一种美德。坚强者心中充满柔软的爱，这爱让人看到生命之光。

每个人都要学习并拥有这种美德，因为脆弱不是解决问题的方式。想改变自己的命运，想渡过眼前的难关，想看到希望的光芒、未来的人生，唯有坚强。

当我们被挫折打击得情绪低落时，可以皱着眉头唉声叹气，或者找一种方式进行发泄，毕竟人不是冷血动物。然而，如果只是沉溺于沮丧之中不能自已，缺乏坚强的态度，便等于向现实投降，成为彻底的失败者。

有明确人生目标者，一旦下定决心，就会朝着目标走下去，不管这条路多么崎岖，同行者多么少！唯有耐得住寂寞、经得起挫折，坚强打下去，才能到达梦想彼岸。

尼克胡哲，一个天生没有四肢的英国青年，他说："人生最可悲的并非失去四肢，而是没有生存希望及目标！人们经常埋怨什么也做不来，但如果我们只记挂着想拥有或欠缺的东西，而不去珍惜所拥有的，那根本解决不了问题！真正改变命运的，并不是我们的机遇，而是我们的态度。"

尼克胡哲出生于1982年12月4日。他一生下来就没有双臂和双腿，只在左侧臀部以下的位置有一个带着两个脚指头的小"脚"。他刚刚来到这个世界上时，他的父亲吓得脸色惨白，甚至忍不住跑到医院产房外呕吐；他的母亲也无法接受这一残酷的事实，直到四个月后，她才敢抱起襁褓中的儿子。

尼克胡哲这种罕见的现象在医学上被称为"海豹肢症"。他的父母对这一病症发生在他身上感到无法理解，多年来到处咨询医生却始终得不到医学上的合理解释。

"我母亲本身是名护士，怀孕期间一切都按照规矩做。"英国《每日邮报》援引尼克胡哲的话报道，"她一直在自责。"

但是，尼克胡哲的双亲并没有放弃对儿子的培养，而是希望他能像普通人一样生活和学习。

“父亲在我18个月大时就把我放到水里，”尼克胡哲说，“让我有勇气学习游泳。”

尼克胡哲的父亲是一名电脑程序员，还是一名会计。尼克胡哲6岁时，父亲开始教他用两个脚指头打字。

后来，父母把尼克胡哲送进当地一所普通小学就读。但尼克胡哲的行动得靠电动轮椅，还要有护理人员负责照顾他。母亲为此发明了一个特殊的塑料装置，可以帮助他拿起笔。

没有父母陪在身边，尼克胡哲难免受到同学欺凌。“8岁时，我非常消沉，”他回忆说，“我冲妈妈大喊，告诉她我想死。”10岁时的一天，他试图把自己溺死在浴缸里，但是没能成功。其间，双亲一直鼓励他学会战胜困难，他也逐渐交到了朋友。

直到13岁那年，尼克胡哲看到一篇刊登在报纸上的文章，介绍了一名残疾人自强不息，给自己设定并完成一系列伟大目标的故事。他受到启发，决定把帮助他人作为自己的人生目标。

如今，回想起那段艰辛的学习经历，尼克胡哲认为这是父母为让他融入社会做出的最佳抉择。“那段时间对我而言非常艰难，但它让我变得独立。”

事实上，他现在拥有“金融理财和地产”学士学位。

经过长期训练，残缺的左“脚”成了尼克胡哲的好帮手，不仅帮助他保持身体平衡，还可以踢球、打字。他要写字或取物时，也是用两个脚指头夹着笔或其他物体。

“我管它叫‘小鸡腿’，”尼克胡哲开玩笑地说，“我待在水里时可以漂起来，因为我身体的80%是肺，‘小鸡腿’则像是推进器。”

游泳并不是尼克胡哲唯一的体育运动，他对滑板、足球也很在行，“最喜欢英超比赛”。

他还能打高尔夫球。击球时，他用下巴和左肩夹紧特制球杆，然后击打。

去年，尼克胡哲在美国夏威夷学会了冲浪。他甚至掌握了在冲浪板上360度旋转这样的超高难度动作。由于这个动作属于首创，他完成旋转的照片还刊登在了《冲浪》杂志的封面上。“我的重心非常低，所以可以很好地掌握平衡。”他平静地说。

由于尼克胡哲的勇敢和坚韧，2005年他被授予“年度澳大利亚年轻公民”称号。

尼克胡哲来中国做过多次演讲，在他的脸上，我们看不到沧桑与颓废，他的眼睛明亮快活，头发梳理得光光亮亮，光看肩膀以上，这是一个时尚帅气与常人无异的男青年。他演讲的语言非常幽默，能不时地掀起阵阵笑声和雷鸣般的掌声。他浑身上下只有两只小脚丫、脖子与眼睛这三样是最灵活的。他的眼里充满了对生活的热情，脖子扭来扭去以配合情绪，脚丫子伸出来能将球抛得很远。他说，别看我的小脚丫，它能干很多活儿。

“永远不要同情自己。”村上春树在自己的作品《挪威的森林》里写道。

是的，永远不要同情自己。

许多年轻人情感丰富，既自恋又自怜，遇到一点点不顺利就自怨自艾。人，不能丧失对弱者的同情心，但这只适用于对待其他人。如果用在自己身上，则是承认自己就是那个弱者。人一旦心甘情愿地认可自己是弱者，心态便会越来越麻痹，能力也会受到限制，同时会脱离工作现实去想问题，把自己放在不现实的环境中，使自己有意识或无意识地逃避现实。自怜，成为许多年轻人无法走得更远的头号劲敌。

说到令人同情，尼克胡哲照镜子的时候，他是否同情过那个天生没有手脚的“怪物”呢？毫无疑问，10岁的时候他想自杀，只因接受不了这样的自己。然而，他终究没有自暴自弃，是坚强挽救了他。

坚强告诉他，帮助别人，能提高自己的人生价值。自强不息，能让生命焕发出雕像与丰碑一样不朽的光彩。

他做到了，骑马、打鼓、游泳、足球，常人能完成的运动，尼克胡哲样样皆能。他拥有两个大学学位，还是企业总监，年仅30岁已踏遍世界各地。他激励和启发了成千上万个迷茫中的年轻人。他告诉他们，要勇于面对并改变生活，完成人生梦想。

幽默、乐观、坚强的尼克胡哲，如今是真正的使人备受鼓舞的著名演说家。

有人四肢健全，却意志消沉、颓废不堪，形同废物。有人天生残疾，但自强自爱，让自己的生命焕发出了新的光彩，并成为人之典范。

而生命的奇迹，就在于坚强将人带出黑暗与虚弱，带来破茧成蝶的突破。

只要活着，总有好事情发生

人到底为什么活着？

我们总会绕到这个问题，在夜深人静的时候，在窗外冷雨渐歇之际……我们想知道自己为什么会出现在这个世界上，究竟是从何处来，又要往何处去，为什么会有眼前的纠纷与困扰。人生既然还长，活着就有困扰，那我们活着的意义在哪里？出路在哪里？如此辛辛苦苦地奋斗，成功又怎样，失败又怎样？最后不都是随着时间流逝而变成散落在人世间的尘埃吗？越想越没意思……

有一个女孩，从小到大在学校都是品学兼优的好学生，毕业后找了一份不错的工作，有令人艳羡的家庭和安逸的生活。可是，这个思想丰富的女孩，总感觉人生没有意思。她不快乐，又找不到解脱的方式。她的失眠症很严重，甚至想到了死。是不是死才是唯一的解脱呢？

她在后半夜辗转反侧，严重失眠影响了她白天的工作状态和日常生活，她不得不去求助心理医生，流着眼泪问："为什么，为什么我会一直想死，而不是想好好地活着？这个世界上有那么多遇到灾难而死里逃生的人，有那么多活在贫穷恐惧里被迫放弃自己意志的人，有那么多背着沉重的负担或天生有什么缺陷被人瞧不起的人，可是为什么？为什么我这样健全一切看起来都很好的人却非常痛苦，感到没法活下去了？”

心理医生告诉她，平静下来，偶去出去旅游一下，看看外面的世界，多与人打交道，常怀一份平常心，并且让自己忙起来，并要忙得快乐。因为，活着并不是一个终极目的。活着就是活着，每一天都好好活着，这是我们的重要任务……

听归听，道理谁不懂？也只能好当下那一会儿，过后还是先前的样子。她还是被想死的念头苦苦纠缠着，同时一边劝着自己：要活着，要好好地活着，不论发生什么都要活下去！生命还没绽放就想着死去是不可以的。

直到有一天，她久不联系的一个朋友给她打电话，倾诉内心的苦——不管工作也好，还是丈夫、双方的父母、自己的孩子、同事关系……每一个亲密得分不开的人都有让她觉得痛苦的地方，并且是不能解决只能硬着头皮面对的痛苦，无可申诉又难以名状……先前总是想着死的女孩静静地听着闺蜜的烦恼，完全理解对方那种绝望的感受。对方提到了死，说真的恨，不得一死了之啊，这样没完没了地下去有什么意思呢？可是又不能死。因为孩子那么小，她死了她的孩子该怎么办呢？还有父母与其他的亲人，她死了，谁来替她孝敬自己的父母呢？家里那一大堆不能解决的问题，又有谁来修补呢……

两个人聊了许久许久，直到几个小时之后，彼此的心灵都安静明净起来。挂掉电话之后，这个女孩想起了自己安慰闺蜜的那些话，她居然能说出那些令自己都惊讶的话：“一个人有权利和责任活着，不要说为了小孩子，为了自己的父母，或者为了什么听上去很高尚很有责任感的理由。你死了，你孩子就不活了吗？他还是要成长的，只不过生活里缺少了一个很重要的人。你死了，你的父母就不活了吗？他们还是要生活的，只是那种悲痛，没有人能够体会，但是痛苦过后，还是要平静地生活。一个人不要把活着的理由建立在其他人的身上，好像你是为了其他人活着似的，你是为了自己而活；同样，一个人也不要把痛苦的罪责加到别人身上……”

这一番无意识的发自肺腑的话，同时点醒了两个人。不管是电话那头听的人，还是电话这头说的人，都承认人活着其实是为了自己，而不是为了别人。

我们总是把生活里遇见的痛苦的罪源归于其他人。可是，谁也不用为别人的痛苦埋单，人生是残忍的，我们每个人都只能为自己的痛苦和迷惘付账。

既然要生活，痛苦也是过，乐观地享受也是过，为什么不转变一种心态好好活下去呢？

既然连死都不怕了，为什么不干脆朝着内心深处最渴望的方向痛快地活一次呢？

艾尔弗雷德·苏泽曾说过一段名言：“长期以来，我都觉得生活——真正的生活似乎即将开始。可是总会遇到某种障碍，如得先完成一些事情：没做完的工作，要奉献的时间，该付的债，等等。之后，生活才会开始。最后，我醒悟过来了，这些障碍本身就是我的生活。”

在琐碎的烦恼面前，有人选择轻生，而更多人是将生活的期望放到以后，心甘情愿地痛苦着，过着自己并不最想要的生活。他们说，等等吧，未来都会好的，等结了婚，生了孩子，生活大事都办好了，什么都定下来了，一切就都好了。可什么是定下来的呢？真的定下来了我们也就老了。又有些人说，等有了孩子再说吧。可又因为他们不懂事还不会照顾自己而牵肠挂肚。以为等孩子大些了，他们独立了，自己就轻松了。可等孩子们进入青少年时期，当父母的还是同样苦恼。只能想着过了这个叛逆阶段，孩子进入大学、进入社会有责任感了，幸福就会到来。人永远都这样憧憬着，将就着眼前。可等到孩子进入社会了，又担心孩子成家立业的问题……人们在无止境的埋怨与期待中活下去，想着等有更多钱了，就能去度一次美妙的假期；等退休后，生活一定会完美……而事实的真相是，没有任何未来比当下活着的这一刻更为宝贵。与其活在无止境的期待里，为何不接受眼前的现实，保持快乐的心境、乐观的态度，好好珍惜活着的每一分每一秒呢？

苦也好，乐也好，离别也好，相聚也好，只有喜怒哀乐都集全了，眼前百味陈杂的现实生活才是我们的幸福生活。而所谓的困境，也是生活里的一部分。我们畅享欢乐，更应珍惜艰难时的动人时光。

人人赞美牡丹盛开时的艳丽动人，又有谁看到牡丹在孕育的过程中，是如何努力地吸收阳光、雨露，是如何把根深深地扎入泥土中汲取养分，又是经过多么漫长的成长过程，才收获了那短暂的烂漫花开呢？大自然中的草木在生命的过程中尚且知道吸取精华茁壮成长，不畏过程的艰辛，又何况我们人呢？

何必去计较种种不如意。一山更比一山高，你努力，永远有人比你更努力；你以为自己很优秀，但永远有人比你更优秀。若是比凄惨，也永远有境遇比你更凄惨的人。我们没有必要自卑，也没有必要自负，以平常的心态，脚踏实地地过好每一天，珍惜所遇见的一切，因为来到这个世界上本就是很大的奇迹。

人生易老，百年光阴，这短短的一生哪里还有那么多时间让我们难过与绝望？生命就该消耗在美好的事物上，所以又何必为生活中暂时的苦与难而意志消沉呢？这世界上哪一样情感不是千疮百孔，哪一个人不是历经艰辛才攀上某一领域的顶峰？

好好活下去吧。连漫画里的樱桃小丸子也总是说：

只要活着，一定会遇上好事的！

感恩生命里的所有苦难

美国著名演员西尔维斯特·史泰龙 1946 年生于纽约，1970 年进入演艺圈。1976 年，自编自演《洛奇》系列电影首部。1977 年，凭借电影《洛奇》获得第 49 届奥斯卡和第 34 届美国金球奖最佳男主角和最佳编剧奖提名。1982 年，自编自演《第一滴血》系列第一部，凭《洛奇》和《第一滴血》两个动作电影系列成为 20 世纪 80 年代好莱坞动作明星的代表。1984 年，留名于好莱坞星光大道。1992 年获得第 17 届荣誉恺撒奖。2002 年，被授予“千年动作明星奖”。2003 年，以《第一滴血》中的“兰博”当选美国国家广播公司评出的“影视作品中的十大铁血猛男形象”。2009 年，威尼斯电影节授予他“电影人荣誉最高奖”。

2010年，获得好莱坞事业成就奖。

史泰龙的健身教练哥伦布医生这样评价他：“史泰龙每做一件事都百分之百地投入。他的意志、恒心与持久力都令人惊叹。他是一个行动家。他从来不呆坐着让事情发生，而是主动地令事情发生。”

对于这样一个事业辉煌、生活态度积极的人，若你认为他一定有令人艳羡的家庭，受过良好的教育，所以才能取得不一般的成就，那就大错特错了。

史泰龙的成长史是一部苦难史，他的父亲嗜赌成性，母亲则酗酒成性。父亲在赌桌上输了钱，回去就打老婆和儿子，母亲喝醉了酒也拿儿子出气。儿时的史泰龙是在拳脚相加的家庭暴力中长大的，常常被打得鼻青脸肿。在这样地狱般折磨的环境下，他无心学习，很快就离开学校，终日在街头游来荡去，混一天算一天。

混到20岁时，发生了一些事情，那些事情使史泰龙的心灵产生了巨大的震动。他开始反思自己，难道一生就这么混下去，和父母一样，酗酒赌博，让自己的下一代继续这样陷入地狱一样的生活之中吗？然后，自己的家人永远成为社会垃圾、人类的渣滓，带给众人、留给自己的都是痛苦吗？

史泰龙挣扎了许久，下定决心要走出一条自己的路来。他要成功，要受到社会尊重，要成为与父母完全不一样的人！可是去做什么呢？白领？那要文化，他是没有可能的。商人？那需要本钱，还有做生意的智慧，对一无所有的他来说也太难了！后来，他想到了演员这个职业。

当演员，不需要文凭，也不需要本钱，一旦成功，则能名利双收。虽然他的长相并不是很出色，没有任何表演经验，也从无任何“天赋”的迹象。然而，史泰龙太渴望改变自己的命运了，“一定要成功”的驱动力，促使他认为，这是他今生今世唯一出头的机会，为了这生命里唯一的一线光，他决不能放弃！

为了梦想，他来到好莱坞，到处找人，到处哀求机会，明星、导演、制片都认为这个人一定是疯了，压根儿就不搭理他。

拒绝的次数越多，他心里的信念越坚定。他想，世间的所有失败都有原因，找准了原因，面对问题、解决问题，将每次拒绝都当作学习的机会，从中总结各种经验，一遍又一遍地琢磨练习，就一定有成功的那一天。

两年过去了，他身上带的钱都花光了。在遭遇了1000多次的拒绝后，依然没有人愿意给他机会，连尝试一次的机会都不给。他在黑夜里捶墙痛哭，难道赌鬼的儿子就只配当赌鬼吗？

不，他一定要坚持下去，因为除了这条路尚有一丝希望外，其余都是死路。

他在好莱坞打工，靠做粗重的零活来维持生计。在繁重的劳动之余，就琢磨着怎么继续朝目标前进。后来，他决定换个方法试试：先写剧本，待剧本被导演看中后，再要求当演员。因为两年后的他，早已经不是刚来时的门外汉了。两年多耳濡目染，每一次拒绝，都是一次口传心授，都是一次学习与进步的机会。加之在好莱坞观察了整整两年，他已经具备了写电影剧本的基础知识。

一年后，剧本写出来了，他又拿去遍访各类导演，“这个剧本怎么样，让我当男主角吧！”人们看了他的剧本，认为内容非常不错，但要让他当男主角是不可能的。他再一次被拒绝了。

他不断地对自己说：“我一定要成功，也许下一次就行，再下一次，再下一次……”

在他一共遭到1300多次拒绝后的一天，一个曾拒绝过他20多次的导演对他说：“我不知道你是否能演好，但至少你的精神令我感动。我可以给你一次机会，但我要把你的剧本改成电视连续剧。同时，先只拍一集，就让你当男主角，看看效果再说。如果效果不好，你便从此断绝这个念头吧！”

史泰龙激动而紧张。为了这一刻，他已经作了三年多的准备，终于可以一试身手了。

为了珍惜这次来之不易的机会，他拼尽全力地投入其中，每一个细节都精打细磨。

没想到，第一集就创下了当时全美最高收视纪录。

史泰龙成功了！

史泰龙的故事告诉我们，在人生的道路上，想做成一件事，总会遇到种种困难与挫折，但要看一个人怎么面对困难与挫折。如果是以消极的态度去面对，那么所有失败都是吞噬生命能量的恶魔。如果是以积极的态度去面对，百折不挠，将每次失败都当作总结学习的机会，不断努力，不断尝试，并在这些失败中意志越来越刚强，最终总会成为生活的强者，收获内心最渴望的成功。

所以，我们感恩生命里的欢乐，更要感恩疼痛与愁苦。世间困难里包含着胜利，失败里孕育着成功。我们感谢困难和失败，便是感谢其中所孕育的成功。当你克服了困难时，你的经验、心态、能力等都会有所提升，这就是困难给你的最大财富。人类一旦把困难当作成长的助力，而不是视之为洪水猛兽，便将多一分克服困难的信心和决心，也会多一些收获和建树。

世间万物的生长均有规律，想收获就得先付出。所以，何必为生活中的苦难而意志消沉呢？农民春天在田野里播下种子，忙忙碌碌整个炎热的酷夏，秋天才能获得累累果实。被人们踏在足下的平凡无奇的小草，也得经过漫长的等待，积聚整个冬天的力量，才能在春天拼尽全力破土而出。当一片绿意闯入我们的眼帘时，当我们为野草的生命而震撼时，我们不得不承认生命的顽强可贵。草木尚且如此，又何况人呢？

时光如此匆匆，总是在不经意之间，我们就错过许多……因此，学会感恩地去生活，才能体验到真正的幸福和平常人的快乐，不要总是在踌躇满志与万念俱灰的大喜大悲之中度日，平平淡淡才是真。在平淡里细细体会，越体会，越珍惜，越感恩，心怀柔软与爱，快乐感染旁人，身边才能聚集更多的美好。

时间从不因一个人感到日子过不下去了就会停留，逝去的时间回不来。流下的泪水不能浇灌出欢乐的花朵。所以，与其沉溺于郁郁寡欢之中，不如睁开眼睛去发现生命的美。生命之中可从来不缺美，只缺发现美的眼睛。

一生中能有多少个春夏秋冬？活下去，心怀感恩！只有活着才能看到希望，只有心怀感恩才能体验到真正的快乐。

第十一章 脚踏实地，才能赢得有底气

有的人欺名盗世，所能配不上所得，即使“成功”那刻四方来贺，他心中也只是发虚，犹如骄傲的纸老虎，一戳就破。事实告诉我们，脚踏实地，一步一个脚印，自己靠自己才能走得最远、走得安心，而自己的人生也才能更稳、更美、更有底气。

逐步积累，别眼高手低

我们常常可以见到这样一类人，他们聪明伶俐，性格随和，多才多艺，人缘很好，但做事不专一，三天打渔两天晒网，事事不精，总是承诺得很好，做起事来却让人很不放心。还有一类人，性格尖锐，眼光挑剔，说起话来一针见血很令人佩服，但是做起事情来缺乏能力，容易半途而废，与预期效果相差甚远。这两类人，导致失败的原因都是因为——眼高手低。

眼高手低这事儿究竟有多严重呢？

有一位朋友，从小热爱画画，一心想做漫画家。大学时，因为毕业设计而画了几张作品，自认为不错，就拿着它们到处投稿，谁知道只有一家小杂志社联系她，说如果不支付稿费的话可以考虑发表，并且在这个地方发表了就不能再拿到别的地方发表。她十分愤怒，认为自己怀才不遇，将那几幅画制作成各种作品，依然到处投稿，却仍旧到处碰壁。她变得敏感易怒，对整个社会乃至时代都充满了怨气。五年后，执着的她将那几张画做成各种各样的明信片、挂饰、徽章等拿到地摊上去卖，可压根儿没什么人买，城管一来她就得抱着一堆东西拼命跑。这五年里，别的同学有志于画画的早在这个行业闯出了一片天地，她依然停留在原来的水平，且脾气、心态都变得很不正常……

她太渴望被赏识，可没有机会的时候，不是默默努力积累能量，而是忙着推荐自己，因眼高手低而将自己推到尴尬的人生绝境，劝她清醒也难醒，真是可悲。

其实，谁没有自己的梦想呢？尤其是年轻人，几乎都渴望获得风风光光的成功。然而，现实世界中，眼高手低、志大才疏往往是阻碍年轻人成功的最大障碍。在许多年轻人的眼里，他们只看到成功人士功成名就后的辉煌，一心想获得同样的待遇与发言权，为暂时的不被待见而坐立不安，却不知那些光鲜亮丽的人，也是台上一分钟台下十年功，之前所付出的艰苦努力远远超过他们的想象。

世间哪来那么多一蹴而就的成功？现实世界里的任何人也只有通过不断的努力才能凝聚起改变自身命运的爆发力。“小事不愿干，大事干不了”，这是许许多多年轻人最容易犯的毛病。如果不注意纠正，很可能因小毁大，毕生无法再起。

有人或许说，有那么严重吗？行大事者不拘小节，等到时机成熟了就会有一番作为，多少伟人都是如此，怎见得区区几件小事就能决定一个人的命运？

不知你有没有想过，细节决定成败。不管是好的细节还是坏的细节，都是你投射在别人眼里的印象。有时候，对于小事你不愿意去做，但是经验丰富的人都是从小事里洞见大天地的。

古代有个人叫宋濂，他小时候特别爱读书，可惜家里实在太穷了，没钱买书，只好向别人借。他嗜书如命，非常害怕别人稍有不满就不再借书给他了，所以每次去借书都主动地讲好期限，并按时归还。加之宋濂又非常爱惜书，人们都乐意把书借给他。

有一次，宋濂借到一本书，他爱不释手，决定将整本书抄下来，可是还书的期限马上到了，怎么办呢？他想了想，干脆连夜抄书。

那时正是滴水成冰的大冬天，人缩在被子里都冷得发抖。他母亲说：“孩子啊，都半夜了，天气太冷了，天亮了再抄吧。人家又不是等着看这书，你迟点儿还过去，跟人家说明原因就没有事了。”宋濂说：“娘啊，不行，做人要讲信用，不管人家等不等看这本书，我说了这个期限还就要还，这是尊重别人的表现。一个人，如果做事不讲信用，失信于人，以后别人怎么相信我？怎么尊重我？怎么放心让我去干更大的事情？”宋濂的母亲热泪盈眶地点点头，她为自己的儿子感到骄傲。

还有一次，宋濂要去远方向一位著名学者请教，两个人约好了见面的时间，没想到出发那天天气突变，下起了鹅毛大雪。宋濂二话不说，挑起行李就准备出去，他母亲大吃一惊，拉着他说：“孩子啊，这样的天气怎能出远门呢？再说，老师那里早已经大雪封山了。你就这一件旧棉袄，如何抵住深山的严寒啊？！你就听娘一次劝，等雪停了再走。”宋濂说：“娘，本来就说定了时间，现在再不出发就会误了拜师的日子，就会失约了。我一个学生，如何能对老师失约呢，这是对老师的不尊重啊！风雪再大，我都得上路。做学生的，品质更重要。守时这件事情看上去小，其实也是一件大事。娘，您为了儿子的前程，就让儿子出门吧！”宋母无奈，只好放手，目送儿子踏雪远去……当宋濂赶到老师家里时，老师感动地称赞他说：“这样的天气你都赶来了！年纪轻轻，如此守信好学，将来必有大出息！”

勤奋好学、注重细节的宋濂后来成为元末明初的著名学者，官至翰林，修《元史》，被明太祖朱元璋誉为“开国文臣之首”，学者称其为太史公。宋濂与高启、刘基并称为“明初诗文三大家”。

正因为宋濂守信用、口碑好，愿意借给他书的人多，他才从中学到了知识，解决了家贫无书读这个问题。拜师学艺时，他严格守时，在天寒地冻的时候赶到老师面前，老师倍感被尊重的同时也看到了这个学生的品质与决心，于是更有心重点栽培。通过宋濂的故事，我们可以看到，一个人于细节处做得好，人们欣赏他、相信他，他才能得到更多机会，才更能获得大成功。他起初所做的都是生活里十分细微的事情，许多人常常认为这些小事不重要，懒得在上面花费心思。然而，君不知，一屋不扫何以扫天下？最考验人的就是做小事时的态度。

另外，宋濂也是个很有定力的人，读书便一心一意地在上面下苦功。一步一个脚印，细致谦逊、踏实努力的一个人，即使不能如宋濂在大事上获得卓越成就，起码也能活得坦荡轻松。因为这样的人让人信任、尊敬。反之，三心二意的人，到头来肯定会两手空空。

有这样一个寓言故事：一个农夫一早起来，告诉妻子说要去耕田，当他走到田地时，却发现耕耘机没有油了；原本打算要立刻去加油的，突然想到家里的三四头猪还没有喂，于是转回家去；经过仓库时，望见旁边有几块马铃薯，他想起马铃薯可能正在发芽，于是又走到马铃薯田去；途中经过木材堆，又记起家中需要一些柴火；正当要去取柴的时候，看见了一只生病的鸡躺在地上……这样来来回回跑了几趟，这个农夫从早上一直到夕阳西下，油也没有加，猪也没有喂，田也没有耕。最后什么事也没有做好。

不要笑这个农夫，也许现实生活里我们很多时候跟他一样，做了这个想起那个，干那个时想起这个，做什么都没定性。比如，学生马上面临大考，复习了语文想起英语还有很多地方不懂，拿过英语书来又想起数学也不行，这本看看那本翻翻，一样也没有深入复习，最后还是心里虚空上考场，考得一塌糊涂。

没有定性，好高骛远，三心两意，同样也是平庸者与出色者的分水岭。

人生好比一棵树。树有许许多多的枝丫，最开始的时候，树身各个地方均衡生长。到后来它越长越大，随着成长，必须分出主干，且要把主干之外的枝丫剪掉，不然的话，这树没有主干，长得十分奇怪，大了也没有什么价值，只能被人们砍了当柴火烧掉。做人也是这样的，要找出自己心目中的主干，做好最重要的事情，脚踏实地，切勿眼高手低。应该凭一技之长在某方面做专做精，如果满脑子不切实际的想法，只会导致乏累而无所获。

梦想不是海市蜃楼，它需要地基

海市蜃楼是看得见摸不着的，梦想不一样，梦想是可以照进现实的。若是要照进现实，便需要积累，就如万丈高楼，我们看得到它直入云霄的伟岸，而那伟岸也是在地基之上打造而成的。

任何大的成功都需要良好的积累，这是一条最原始也是最简单的真理。

老人常常教导年轻人，做事要注意“大处着眼、小处着手”，举轻若重、认认真真地做好每一件“小事”。小事中见大精神，可为以后做“大事”打造好稳定的地基。

很多人明白这个道理，但是面对实际生活时，往往又变得不知所措。也许“梦想”还在心里闪耀着，时不时浮上心头，但只要行动起来，就会叹口气，觉得不知从何处下手，干脆丢在一边只是想。想多了，空空的，梦想永远是梦想，无法清晰可见地照进现实。

这世上凡有所成绩的人，谁不是花了巨大的时间成本和精力先打地基呢？这地基便是积累，需要在哪方面有所作为便在哪方面下苦功重点积累。唱戏的小小年纪就要常年练习身段、吊嗓子，运动员要自幼锻炼身体，跳舞的要十年如一日地在练功房中挥洒汗水，作家的文章更是由一个字一个字堆积而成的。而在某行业登峰造极的大师更是经过“不疯魔不成佛”的大积累。他们积累的过程与方式远远超过常人的思维。

比如，清代著名文学家袁枚，他习惯观察生活，许多好词佳句都是从村夫僧人那里得到的。有一次，二月梅花盛开，站在梅树下的一个村夫很高兴地对袁枚说：“你看，梅树有了一身花了！”袁枚听了，心想：“这不是诗吗？”他便默默地记下，久久咀嚼，后来就写出了“月映竹成千个字，霜高梅孕一身花”的名句。还有一次，一位给袁枚送行的僧人，惋惜地对袁枚说：“可惜园里梅花正盛开，您带不去！”袁枚由此吟出了“只怜香梅千百树，不得随身带上船”的佳句。这些句子都是袁枚的名句，流传至今，为人津津乐道。

我国著名数学家苏步青教授珍惜每分每秒，对时间见缝插针，许多重要的研究都是在闲暇之余钻研积累而成的。他还把会前会后、饭前饭后的时间比喻为零布头，他说，别小看这些零布头，它们作用重大。苏步青教授在参加五届三次人大会议期间，抓紧空隙时间完成了《仿射学微分几何》的后半部分。这好比文豪鲁迅，人们问他为什么会取得那么大的成就，他笑了笑说："我不过是把别人喝咖啡的时间用来写文章、做学问，时间只有这么多，不做这件事就做那件事，善于利用它的人，都知道怎样珍惜时间。"

是的，人生在世的每一天，时间本来是一定的，你不用它来做这件事，就要用它来做那件事。在那件事上花的时间多了，这件事上花的时间便会少了。如果在一天24小时内，这儿做做，那儿弄弄，并不合理分配，而是一把抓，便是忙得心力交瘁也没有什么效果。我们接受了太多碎片化的知识，也太容易将时间碎片化花完，但要在某方面有所成就，最好的方式便是一心一意地勤苦积累，这样也有助于让自己拥有有别于他人的特长。

叱咤风云、横扫欧洲的拿破仑，他是何等的骄傲与荣耀，虽然个子矮小，却扬起头颅告诉世人："在我的字典里没有'不可能'！"他并非天生拥有超人智慧与军事大才，在早年，他于巴黎军校攻读炮兵攻略、学习海军知识时，远比一般学生更加勤奋吃苦，别人吃午餐的时间，拿破仑却在一心一意地研究地理、历史和数学。学生时期勤奋苦学的积累，使他具有了不同于一般人的视野与心胸。最终，拿破仑成就了法兰西帝国，正是早年打下的扎实地基使他具备了豪迈的气派与自信……

在如今的社会，许多年轻人满脑子想着高位、高薪，以为自己是一匹千里马，只要有伯乐盯上立刻能驰骋千里。然而，当他们走上工作岗位时，往往为眼前枯燥单调的工作感到疲倦，他们不甘心打杂做小事，不甘心把时间浪费在细节上、小项目上，成天想着一步登天。即使遇到了困难，也没有什么热情克服，反而想着，本来就十分乏味、没有意义的工作，还要花那么多的精力在上面，有什么意义呢？

年轻人为什么不想一想，那些拥有高职、高薪的人，绝大多数都是从单调的工作、低微的小事一点点做起，一步一步积累资源人脉、办事经验、强大能力，最后才打破眼前的困境，走向更大的成功，从而到达人生另一个境界的。

人仅仅有理想是不够的，与理想同等重要的是行动力。没有行动，梦想再美好也将一直停留在原来的位置。尽管有时行动不一定会带来理想的结果，但是不行动则一定不会带来任何结果，而行动起来，日积月累，小行动就会变成一种大行动，等量变最后质变，理想便变成了现实。

有这样一个故事。

20世纪最初的几十年里，在太平洋两岸的美国和日本，有两个年轻人都在为自己的人生努力着。

日本人每个月把工资和奖金的三分之一存入银行，任何事情都改变不了他的这个行为。美国人则躲在狭小的地下室里，把美国证券市场有史以来的记录搜集到一起，一头扎进了数字堆里，在那些杂乱无章的数据中寻找着规律性的东西。

这两个年轻人在大洋彼岸维持各自的人生状态整整六年。六年过去后，日本人靠自己的勤俭积蓄了5万美元的存款；美国人则研究出了美国证券市场的走势与古老数学、几何学和星象学之间的关系。

然而，日本人用节衣缩食的方式积累财富的经历打动了一名银行家，从银行家那儿获得了100万美元的贷款，开办了麦当劳在日本的第一家分公司。这个人的名字叫藤田田，一个靠从牙缝中挤钱，从而跻身亿万富豪行列的普通电器公司的员工。

与此同时，美国人也成立了自己的经纪公司，并发现了最重要的有关证券市场发展趋势的预测方法，他把这一方法命名为“控制时间因素”。在接下来的金融投资生涯中，他赚取了5亿美元的财富，成为华尔街上靠研究理论而白手起家的神话人物。这个人的名字叫威廉·江思，现在，他的理论被译成了十几种文字，成为世界各地金融领域的从业人员的必备知识。

与自己比较胜过与别人比较

你闷闷不乐时，总认为上帝偏心。

有些人生于大富大贵之家，有些人天生丽质容颜秒杀一群人，有些人出生于书香世家能得到最优质的教育资源。而自己呢？一无所有，越比较越伤心……

如果世界上每个人、每件事物都处于比较之中，这个世界还会可爱吗？

溪流有溪流的清澈，大河有大河的豪迈，深海有深海的深邃，这地球不会因为深海的存在就可以去掉一切江河湖沟。人也是这样的，世界上没有一片相同的树叶，也没有两个完全一模一样的人，每个人都有自己的特色与价值。如果我们老是将目光放出去，满眼看到的都是别人的好与自己的不堪，再收回目光时则顾影自怜，想到的都是自己不如人、上天不公平，从而对人羡慕嫉妒恨，甚至一生都在这样的负面情绪里度过，而本身优秀的人又一直在努力，那么拉开的距离就会越来越大，你也永远都跟不上了。

人，为什么总要去和别人比较呢？那些没完没了的比较真的有意义吗？父母比较别人家的孩子，妻子比较别人家的老公，老师比较别的班级的学生，女朋友比较别人家的男朋友……这些比较的出发点是爱，是希望从中找到完美，但酿成的结果却是更多的矛盾与恨。最后，导致孩子跟父母抵触反抗，老公情愿加班也不愿意回家面对唠叨，学生觉得自己成绩不如邻班的小明理所当然，男朋友也受不了被轻视而盘算着什么时候分手算了。

上帝没有偏心。

每个人，自己就是一笔巨大的财富。人的大脑，是取之不尽、用之不竭的宝藏，除了天生的，所有后天的智慧、财富、思维方式，只要一个人肯学习，什么都能改变。

任何别人可以获得的，你，也绝不例外。你也可以争取去获得，让那些美好的东西成为自己身上的一部分。只是，你准备好了吗？

你整天在忙着和别人比较，有和自己比较吗？

今天的你是不是比昨天的你进步了？明天的你将要达到一个什么样的程度？你有目标、有决心、有行动力吗？你有每天坚持不懈地努力与积累吗？如果你什么也没有，那么你有什么资格成天抱怨别人获得的比你多、过得比你好？

这世界上有许多人，我们看到的好都是表面的，有些人用名牌不过是在伪装自己，有些人看似人缘很好其实只是喜欢往人堆里扎，有些人日子潇洒其实只是用酒精麻醉自己，只是这个世界上有些人不愿意承认自己的不好，而有些人看不得别人的好，还有些人喜欢幸灾乐祸。如果你不努力，一味在比较和自卑里过日子，最后你为了让自己活得自信一点，也许会变成最讨厌的那类人——看不得别人好，喜欢幸灾乐祸。

有一位女性说，她30岁时要走在大街上让所有女人都羡慕，必须活出“御姐”的气势。她只是这样想，却成天睡大觉，在网上翻看那些气场看起来强大、长得美艳动人的明星的照片，时间长了自己仍然没有变化，甚至变得更差了，她自卑起来。有一天，她看到一些励志的话语，又“醒悟”过来，认为不管什么样的人生都是精彩的，人们要承认自己的平凡。她接受了平庸的正在发胖老去的自己，但心里念念不忘曾经最渴望成为的那一个理想中的自己，在现实里遇见这样的人，她也不再自卑了，换之吹毛求疵、好为人师，进行各种点评或打压。其实，在不知不觉中，她已变成了看不到别人好和喜欢幸灾乐祸这一类人。

如果她将时间用来修炼自己，与自己比较，早该是另一番状态了吧？

那么多人眼看着别人都过得那么好，别人都享受着自己渴望的那一种状态，空空地比较了这么多年，越比较越难受，却从来不付出努力。最后，心甘情愿地承认了平凡，又莫名其妙地在平凡中自信起来，但膨胀的自信没有底气做支撑，因此干脆靠打压优秀者来获得心理安慰，多么可惜。其实，天上每天都在掉下馅饼，每个人都有机会接到，但是有些人从不准备、从不努力，所以，即使有天馅饼掉下来，他也接不到。

这里的“馅饼”指的就是机会。

机会对于每个人都是公平的，只是有太多人认为，同样的机会太少，需要竞争，竞争就必须比较，比较多了，就会不知不觉变成斤斤计较的人，这也是情有可原没有办法的事情。

然而，真正的成功都是孤独的。这孤独不是通过与别人比较得来的，而是专心专一做好自己的事情，一直积累，一直前进，直到推到成功的峰头而得来。

有个记者访问了世界最大的连锁旅馆总裁：“你十四岁就辍学出来工作，在酒店里当侍应生、洗碟子、收餐具，但你却一步一步爬到这个地位。而过去和你一起工作的人，可能还在小饭店里洗碟子、收餐具——当时你知道你会和他们差距这么远吗？”

这位总裁说：“我不知道，我真的不知道。老实说，在我往上爬的路上，我真的没看到其他的人。”

他只是在做自己的事情，每天与自己比较，今天的任务顺利完成了吗？明天还有什么事情要做？离目标还有多远？

他的眼里没有一起洗碟子、收餐具的同事，他没有盯着那些人是不是碟子洗得更多、餐具收拾得比他更好，他只看见自己该走的路。如果他只想成为那堆侍应生中最好的，他现在可能只是在当领班。想成为凤凰的鸟类，又怎能一直拿麻雀做奋斗目标呢？

每个人都有自己的特色和自己的路要走，每个人做好自己就是一项非常了不起的成就。在竞争越来越激烈的快节奏社会，与别人比较的时间越多，自己失去的也就越多。有些人甚至因为一些小的比较，最后失去了更大的机会。好比本来可以登上珠穆朗玛峰，最后就因为与小土丘之间的比较，浪费了时间与精力，导致自己终身停留在原来的位置。

两个杯子，一杯满的，一杯空的，空的又为何总是拿自己和满的比较呢？也许满的里面装满砂砾，而自己这杯空的可以装珍珠呢。当“比较差”时，也只意味着还有巨大的进步空间，还有光明美好的未来等待着你，这不代表以后会越来越好，甚至让你曾经羡慕过的人转过头来羡慕你吗？

做好自己远比盯着别人比较这件事情更有意义。人生中真正的成就感，并不是比较得来的。小溪何必和大河比宽阔？大河何必与小溪比清澈？

每个人都是独一无二的。这独一无二的人，不一定是最美貌的，但可以是最善良的；不一定是最聪明的，但可以是最可爱的；不一定是最富裕的，但可以是最快乐的；不一定是最成功的，但可以是最充实的；不一定是最顺利的，但可以是最坚强的……

李白说：“天生我材必有用，千金散尽还复来！”人人都是有价值的。所谓“做最好的自己”，强调的是自己和自己比——昨天的自己和今天的自己比，明天的自己和今天的自己比。自己超越自己，而不是眼睛盯着比自己优秀的人，望洋兴叹、不知所措，自甘沉沦。

记住，这世界上最强大的敌人，不是别人，而是自己。

这世界上最可靠的合作伙伴、最有眼光和远见的伯乐，不是别人，而是自己。

第十二章 不经历风雨，怎能见彩虹

生命只有一次，成长只有一次，许多时候，奋斗的机会，也只有一次。要在这有限的时间内做出一番事业，不仅是对能力与态度的挑战，更是对心理素质的考验。梅花经过寒冬的历练，花朵傲然怒放；彩虹经过风雨的洗礼，才显得特别明艳美丽。

越是精彩的人生，越需要走过崎岖的道路。勇敢迎接生活的挑战吧！去追逐心中最美的梦吧！趁着年轻赶紧付出行动吧！

人的一生可燃烧也可腐朽

“人最宝贵的就是生命，生命对于每个人来说只有一次。人的一生应该这样度过：回首往事，他不会因为虚度年华而悔恨，也不会因为碌碌无为而羞愧；临终之际，他能够说我的整个生命和全部精力都献给了世界上最壮丽的事业——为解放全人类而斗争。”

这段话来自俄国作家奥斯特洛夫斯基的作品《钢铁是怎样炼成的》，在作品里，主人公保尔·柯察金历经生活的磨难与命运的打击，但他勇敢、坚强，拥有顽强的毅力。在敌人的严刑拷打面前坚贞不屈，在枪林弹雨的战场上勇往直前，在与吞噬生命的病魔的搏斗中多次令死神望而却步，创造了“起死回生”的奇迹。尤其是他在病榻上还奋力向艺术的殿堂攀登的过程，表现了一个革命战士钢铁般的意志所能达到的最高境界。

这部获得巨大成功的作品，不仅受到了同时代人真诚而热烈的称赞，也作为经典鼓舞了一代又一代青少年。而这部文学作品的作者奥斯特洛夫斯基，本身就是一个传奇。保尔·柯察金完全是以他自己为原型塑造的。

1904 年 9 月 22 日出生于乌克兰一个贫苦工人家庭的奥斯特洛夫斯基，11 岁便开始当童工。1919 年参加共青团，随即参加国内战斗。奥斯特洛夫斯基 16 岁时在战斗中身受重伤，23

岁双目失明，25 岁身体瘫痪。1936 年 12 月 22 日，年仅 32 岁的奥斯特洛夫斯基去世。

在奥斯特洛夫斯基生命里的最后几年，健康情形急剧恶化的时候,他一度绝望,但身陷绝境的他,最终不甘心于吃喝、呼吸、等死，拿起了唯一还能利用的武器——笔，进行创作。到后来，他连笔也拿不动了，只能靠口述，请亲友笔录，历时三载，克服难以想象的困难，创作了这部不朽的杰作——《钢铁是怎样炼成的》，实现了重返战斗岗位的理想。

小说获得了巨大的成功，同文中主人公一样命运的奥斯特洛夫斯基用本人的终生过程诠释了生命的真谛，他的精神被所有人歌颂。

奥斯特洛夫斯基说过这么一句话：“人的毕生可能熄灭也可能腐朽，我不能腐败，我乐意燃烧起来。”

我们每一个人，可以庸庸碌碌地过一天算一天，也可以燃烧每分每秒痛痛快快大干一番。

死亡谁都将面对，提前认输、逃离，一点儿意义也没有，真正的人应该拿出生命的热情与暴风雨作搏斗。燃烧激情的过程也是浴火重生的过程，对于奥斯特洛夫斯基来说，只有与这些困难搏斗起来，才能燃烧得最为热烈，而那些在命运的打击下望而却步者，无疑是懦夫行为。

人失去了热情，会伤害到灵魂，行尸走肉般活在世上是没有意思的。希望生命多点儿乐趣就不能放弃希望。有所追求，敢于行动，在做奉献的进程中燃烧起来，这样的日子是不会空虚的。

诚然，燃烧要付出代价，在别人躺着睡大觉的时候你得冥思苦想，在别人吃吃喝喝的时候你得加班工作，别人都轻轻松松，能偷懒就偷点懒，活得舒适自在。你为了燃烧却得绷着心里那根弦，孤独地走在寻梦的道路上，还要不时地担心如此烧疼心脏，却无法达到预期的目标该怎么办。

可是，年轻人，你何畏烧疼自己的心脏？

全世界都在告诉你们——年轻，有机会犯错！因为你有机会修正而从头再来。可一旦错过这个时间，就再也不可能了！

年少的时候，父母、老师总是给我们指出哪条路是对的，哪条路是错的。我们一路被引导，从不敢轻易走偏，到了自己该独当一面的时候，不敢尝试，试图放弃，心里却念念难忘，最后就出现了所谓的叛逆。

也有人一路闷闷地顺从到底，在父母和老师不再引导的那天，就慌张地看大众如何做，处处顺从大众……其实，这时候只是因为人渐渐长大，想走不一样的路，又害怕犯错，怕一切变得更糟糕而已。但属于青春的生命原动力却在灵魂里、身体内不停地燃烧，总要发泄出来，于是产生了矛盾冲突。

年轻人，为什么要怕疼痛呢？凡在某个领域有所突破者，谁不是在探索中付出了错误的代价？谁不是在错误的基础上不断吸取教训进步？否则，古人怎么会总结出“失败是成功之母”这样的至理？

总之，趁着还有机会，年轻人是应该放手大胆试一试的。人生是自己的，别人无法代替你走下去，总有一天，你会发现自己作为一个个体，真正的价值还是要燃烧而非虚度。燃烧能让青春更加绚丽，能让自己得到更多人的尊重。特立独行也许要吃一些苦，那么盲目顺从、随波逐流就真的那么好受吗？不要抱怨手脚被捆绑得厉害，毕竟是自己的人生，脚也长在自己身上，决定权永远在自己手中，别人是无法左右的，也不要怕说错话就不说话，怕做错事就不做事。

谁都会犯错误，走过万山千水的人有后悔去过的地儿，说过千言万语的人有后悔说出口的话……这不就是人生吗？

在年华最灿烂的时候，我们没有理由甘于平凡，没有理由沉浸在无所事事的安逸里，没有理由将脚步越放越慢甚至停滞不前。路很远很远，可看的风景很多很多，你执意只欣赏眼前这一段，做一只井底之蛙，便将错过前头更远更美的景象。每个人都是不愿意放弃美好的想象力的，当你有一天想象远方的时候，你要知道，在你年轻气盛的时候，曾经有机会奋斗，有机会走向更远的旅途，只是被你放弃了。

即使这旅程中充满诱惑，即便脚下满布荆棘……但在踏上荆棘的那一刻，燃烧就开始了！

生活只有在平淡无味的人看来才是空虚而无聊的。你为什么心甘情愿羡慕别人，而不自己伸手够一够呢？行动起来，燃烧起来，挥洒汗水，去不畏疼痛与失败，只有这样，才不愧对自己也曾青春蓬勃过。

这世界上最快而又最慢，最长而又最短，最平凡而又最珍贵，最易被忽视而又最令人后悔的就是时间。不要怕疼，只有流过血的手指才能弹出世间的绝唱。如果你一味浑浑噩噩，在最该奋斗的年纪选择安逸，那将永远难以明白青春的真谛。

青春只有一次，岁月一去不复返。年轻人，承认腐朽无能不是我们该做的事情。你唯有珍惜眼前宝贵的时光，用流淌的汗水洗净生命的夜空，才不枉来到这个世界，不枉做过一回梦，灿烂过一回青春。

唯有燃烧，你的生命才是最有价值的！

面对五花八门的诱惑该有定力

现在的神话电视剧中，经常会出现这样的镜头：荒郊野地，千里无鸡鸣，却出现了一桌诱人的好酒好菜，饥肠辘辘的旅客要是不管不顾地吃了下去，很快就会毒发身亡或晕过去被妖怪拖下水，而道法高明的主人公就一眼识破，将桌子掀翻，吓一跳，原来盘中香喷喷的馒头与饭菜竟然是些用障眼法变过的毒蛇、毒蜘蛛、毒药……

《西游记》《聊斋》等作品里都有这样的镜头，这告诉我们，许多表面诱惑人的美好事物，其实是十分危险的。诱饵表面上特别吸引人，但里面包裹的是致命的钩子，重者能把命勾了去，轻者也会让人伤筋动骨。猪八戒见了美女就色心大起，而孙悟空就是变成高家的千金高翠兰小姐的模样才将神通广大的天蓬元帅轻松拿下的。

诱惑，有时候看上去那么美丽动人。有人说，不见得所有的诱惑都是可怕的陷阱。有时候毫不犹豫地拒绝，似乎显得过于不近人情。比如，唐僧师徒路过女儿国，娇滴滴的美艳国王一心爱慕东土大唐来的唐僧，求他留下做一对神仙眷侣，愿把整个王国都交给唐僧，夫唱妇随，不也很好吗？当唐僧铁了心绝尘离去，女国王在背后满眼含泪地凝视着他的时候，观众觉得这唐僧也太冷漠无情、太不可爱了！甚至有人说，什么西天取经造福于小国家？夫妻情投意合、白头偕老也是为人类作贡献，这天下是唐僧一个人救得来的吗？他怎么就那么迂腐呢？

虽然故事是虚构的，可唐僧如果真的留在了女儿国，《西游记》就不是原来的《西游记》了，整个故事就没有意义了：玄奘作为大唐高僧失去了高僧的形象，西方极乐世界依旧停留在遥远不能至的远方……虽然事实上西方极乐世界是不存在的，但于故事里，那是一个历经九九八十一难，最终可以拨开云雾见青天的信仰殿堂。信仰是需要定力来支撑的。唐僧用定力克服种种诱惑，一心向佛，怀有大爱大造化，而不止安于一土一国一乡。

诱惑，到底是什么呢？

有人说，诱惑是存于世上的一种奇怪的东西，你会为之疯狂而不能自已，而它之所以存在，是因为人的一生不断地被欲念刺激，所以也为诱惑折磨一生。人存于世上，首要面对的是物质上的诱惑，然后才是精神上的诱惑。精神诱惑，或浮名，或色相，或权势、地位、名利、金钱。

人，总是有七情六欲的。在现实世界里，其实没有那么多清高达人，如今几个男人能如柳下惠般美人在侧而坐怀不乱呢？几个小孩见了漂亮的玩具不想占为己有呢？欲望是与生俱来的天性，没有好坏之分，但需要处之有度。我们大抵都是平凡之身平凡心，不同的只是每个人的出身背景、成长环境或职业、经历……最终，需要面对的却是一些相似的东西，几乎每个人都想有舒适的住所，吃美味的食物，找漂亮的女朋友，享受人世间的种种快乐逍遥……

无数面对诱惑的事例告诉我们，如果处之有度，社会才能稳定有序地发展。如果放纵欲望，面对诱惑从不罢手，最终害的也多是自己。所以，小至家庭个人，大至社会发展，有责任感的人知道在外面酒不能贪杯、美色不能随意亲近，身居要职者知道有的巨额财富不能随意接纳塞进腰包，放纵能带来短暂的快乐，但面对诱惑毫无节制的后果就是灵魂被掏空。

灵魂若被掏空，还有什么资格谈梦想？

作为年轻人，在成长的道路上，面对的诱惑与考验也就更多了。很多志向远大、目标坚定或者只是想踏实过幸福日子的年轻人，因心性不定，面对诱惑难以拒绝，最终导致生活一塌糊涂、前途尽毁的例子在我们生活中不计其数……

比如最常见的，某人想考博，复习了一半，看到某个工作机会不错，学习又实在太辛苦，还不知道考不考得上，干脆就放弃不考而去工作了。等到工作，再也没了时间，又始终后悔当初为什么不努力，自己今生一直有读博这个心愿未了啊！与其一直活在遗憾里，为什么当初不管成功不成功都去试一试呢？可是他又说，天天闷在屋子里看书，看到别人吃好吃的、出去逛街，实在待不住，只好在心里想想了。这就是典型的经不住一点点诱惑的年轻人。

或者，有的人感情融洽，是打算相濡以沫白头到老下去的，可男的有一天遇到了另一个女的，一时糊涂发生了关系，即使深爱原来那一个，背叛行为也已经产生，女方往往越爱一个男人就越难以原谅男方的出轨，于是分手。天底下又有多少对彼此深爱的情侣只因一方一时没有受得住诱惑而分手了呢？我们工作和生活中的诱惑实在太多了，因为我们的欲望太多了！循规蹈矩的现实社会有时难以达到人们的预期目标，当一直很想要的东西突然光芒闪烁地出现在眼前时，多少人脑袋一热直接就上去拿了，但是拿的人，你想过你配得到吗？你的能力配吗？智慧配吗？付出配吗？

如果不配，请放回去。因为那个你渴望已久的美好东西，即使近在眼前，也是可怕的诱惑。拿了它，你不仅会随时失去它，还将失去更多，甚至倾家荡产直至丢失身家性命。

欲望就这么可怕，它是一个无底洞。诱惑比欲望更可怕，诱惑是美丽的洞口，你胆敢踏上去，就会立即掉下去，摔得粉身碎骨。

所以，年轻人也好，中年人也好，要在各方面均衡发展，顺利成长。要想到达想要去的终极目的地，就不能随心所欲。定力是前进的指南针，是向上升的垫脚石，是带领你走出迷途的唯一通道。一个有定力的人，往往眼神坚定，心态沉着，脊梁笔直，肩膀有力。因为他是有信仰的，可以被依赖的，跟这样的人打交道有安全感，人们也往往会主动和这样的人合作，愿意给他更多的工作机会、更大的发展空间。这是从群体上来说。

而从个人来说，定力其实是一种基本素质，只是有大定力与小定力之分。大的定力是人面对大诱惑时面不改色心不跳，小定力是人面对小诱惑时目不斜视勇往直前。世上的许多人在小诱惑面前能坚守原则，可一旦看到大诱惑就经不住考验了。

一个真有定力的人，便要时时警惕，耐得住寂寞，顶得住孤独，对庸俗的排挤和闪光的诱惑保持足够的警惕。一个人的定力越强大，表现就会越出类拔萃。人生说短也不短，设定一个目标，哪怕没有那么快就能实现，但定力能给予人类力量，帮人类削平坎坷、驱散迷雾，使人越走越远……

有一位顾客走进一家汽车维修店，自称是某运输公司的汽车司机。他要求店主在他的账单上多写点零件，回公司报销后，两个人好分成，但店主拒绝了这样的要求。

顾客又不死心地介绍自己，说他生意做得很大，两个人一起加入能赚来许多钱。可店主无论如何也不答应。顾客说："我这是给你机会，是谁都愿意有钱就赚的，你这个人怎么就说不通，这么傻呢？！"

店主非常生气，命令顾客赶紧离开自己的店。

谁知，这位顾客竟然换了张笑脸，紧紧握住店主的手，告诉他："我就是这家运输公司的老板，现在要找一家信得过的维修店真的不容易啊！您面对诱惑如此有定力，实在是让我相当满意，请理解刚刚我对您的测试，并请原谅我刚刚对您的无礼，我们一起来合作一单大生意吧。"

店主这才恍然大悟。

如这位店主一样面对诱惑不动心，固守道德底线，有自己的原则，绝不赚昧心钱，就是心灵有定力。这份定力能使你不被诱惑的陷阱轻易坑进去，能使你生活得自在，也能走得更远。

万科董事长王石在事业上功成名就，是行业龙头老大，他来自一个军人家庭，当过兵、工人、工程技术员、外贸翻译。有人说，王石是中国企业家中的“异类”，好出惊人之语，脾气直率，做事直来直去。并且，在他身上有两个重要的“标签”，一个是“万科不行贿”，一个是“企业家中的登山家”。对于这两个标签，王石曾经这样解释：“对于万科来讲，它是制度上不允许行贿，尽管到现在很多人不相信，但是还没有一个案例说万科在行贿。”后者说的是，他是中国人登顶珠峰最大年龄纪录的创造者，曾登顶过全球7大洲的最高峰，到达过南北两极，是个极限运动的爱好者。

事业取得傲人成就的王石曾经这样阐述“定力”，他说：“就像美丽的罂粟花，在你面前洋溢着芬芳……即使是毒药，你也想拥有，而不能自拔地堕入陷阱。衡量一个人的价值尺度，不仅在于他/她的能力，更在于不为诱惑所动的定力。”

要配得上你所吃过的苦

在吴承恩的小说《西游记》里，唐僧的座驾是一条白龙变成的。事实上，哪儿是什么龙太子啊，西天取经所骑的白马，只不过是长安城中一家磨坊里的一匹普通白马，这匹马跟别的马比也没什么神通广大的地方，既不会变人也不能日行万里，无非是兢兢业业地在磨坊里工作了许多年，看上去身强体壮，老实听话，很能吃苦。

玄奘大师当时有心选一匹忠实可靠的马，因西天取经路途遥远，这一路要经历千辛万苦，性子太野的马自己是驾驭不好的。一定要一匹身体强健的好马，去时可以当坐骑，来时可以背经书。在长安城内选了半天，最后选了磨坊里的这匹白马。

白马随着唐僧远赴异国他乡，离开故土17年。17年后，马驮经而回，唐僧已是名扬四海的传奇人物了。而白马作为取经功臣，被唐朝皇帝誉为“大唐第一名马”。

“大唐第一名马”光荣还乡，昔日磨坊里的老友都来看望。驴群马群团团围住白马，听白马讲西方路上的趣闻以及今时今日的种种荣耀，一边羡慕称赞一边感慨这17年的长途跋涉实在是太辛苦太辛苦了。

谁知，白马谦虚地说：“各位伙计，其实我没你们想的那么了不起，我跟大家一样，都是普通的马，只是运气好，被玄奘大师选中，一步一步西去东回而已。这17年间，我勤勤恳恳每天都在赶路，一刻不停地为这个世界奉献自己的力量。大家每天也都没有闲着，都在赶路，只不过是在家门口来回地打转罢了。大家每走一步，我也在走一步，我们都是一样的。我们走过的路一样多，大家都一样的辛苦。”

众马沉默了。

多么发人深省！无数人也许要借白马的伙伴问一问上天，别人也在付出自己也在付出，为什么别人就能出类拔萃而自己还是老样子呢？

你有没有想过，世界上无数的人，从出生到老去，每天都在过日子，同样会吃喝拉撒、同样会喜怒哀乐，甚至有人有同样的生存环境，毕业后走了同样的路，为什么最后每个人的成绩与人生答卷还是不一样呢?

最可悲的是自己并没有偷懒，日复一日地挥洒汗水，却仍旧在原地打转转。

也许有人愤愤不平，认为白马是有伯乐相中，运气好所以才能功成名就。但这个世界上真的有那么多伯乐吗？几乎每个时代的才华横溢的天才诗人都在抱怨生不逢时、怀才不遇，就连诗仙李白，也常常悲叹不被当朝者赏识，他甚至大胆地给韩荆州写信推荐自己，可是韩荆州引荐了许多人偏偏没有引荐他！

可我们还是看到了李白的诗歌，还从他诗歌里看到了一代诗豪云游天下走四方的气度。因为李白，即使没人引荐，即使闷闷不乐，可是诗怀自然，无法被束缚，脚在他自己身上，他必须越走越远，看到不一样的名山、古寺、青山、流水，并因此收获了不一样的飘逸与苦难并重的诗意人生。

如果李白每天在房间里一圈又一圈地走，也可以走上几百公里的路，但不管走多少年，还是无法从房间走出去，还是无法见到真正的“日照香炉生紫烟，遥看瀑布挂前川。飞流直下三千尺，疑是银河落九天”。

很多人，其实并不懒惰，每天都勤勤勉勉，每天都小心翼翼，却一生都不见起色。他们感到委屈，人家隔壁老王也是这样过日子，早就青云直上升迁无数次了！挥洒了汗水还不见起色的你，有没有想过，方向找对了吗？心门打开了吗？每天都有进步吗？如果十个月如一日你毫无感觉，也毫无危机感，那么很可能十年如一日，甚至可能一生都在绕圈子。

就像那些驴子和马，即使每天也没有闲着，可是到头来得到的却完全不一样。

心理学家法兰克尔说过：“活着就是要受苦，受苦是要找到受苦的意义。”

什么是受苦的意义呢？很多时候我们为了做成一件事，吃了许多苦，最后事情成功了，这个苦是有意义的，是有用功。还有很多人一直兢兢业业地工作，可是有天却突然发现，自己的努力和获得的成绩根本不成正比。有的人更是在奋斗的征途中一直在流汗劳碌，然而竹篮打水一场空，吃再多苦人生也不见丝毫起色。

有这样一个故事，一群人在大海里航行，突然狂风大作，迷失了方向，所有人的生命随时可能葬身海底，只有两个人知道正确的方向是西方。

第一个人说：“我们必须马上向西航行，这样才能尽快到岸获救。”大家集体攻击他，情绪非常激烈。虽然另一个人知道第一个人是对的，可是在群情激愤的情况下竟然不敢开口。风越来越大，情况越来越危险，第一个人大吵大闹起来，整个船上都乱了套，所有误认为正确方向应该是东方的船员认为再这样耗下去所有人必死无疑，竟坚决将船往东方开。第一个人失去理智地冲上去与之扭打，最后，这个明明掌握了真理的人被众人丢入了大海。

急红了眼睛的船员冲着大家喊：“还有谁说是西方的？是西方的一起下去喂鱼！”另一个人不敢吭声，只好默默地附和着大家的意见。可是跟着走下去也必死无疑，所以他提出由他来掌舵，理由是他曾经是一名非常优秀的水手，有过在风浪中开船的丰富经验。大家同意了。

船缓缓向东航行，但是，这个人暗中动了手脚，当船每行一段时就把方向稍微调向西一点，谁也没有觉察出来。直到绕了一大圈，不知不觉到达了西方的陆地，这个人才站出来讲了实话，众人这才恍然大悟误会了前面第一个人。可是后悔也没用了，在生死关头，大家都失去了理智。第一个人用尽了全身的力气要让大家相信自己是正确的，第二个人也用尽了全身的力气和智慧让大家相信是正确的。

可第一个人的付出结果归于零，自己也被丢入大海，而第二个人被大家称为救命恩人。

这就是“有用功”和“无用功”的区别。人生吃苦也是这样的，无数人在说：“年轻人，要多吃苦。”年轻人是应该有不怕吃苦和吃得了苦的精神的。但是这并不是说年轻人什么苦都要去吃。人生在世，吃没有意义的苦，就是在做无用功。耗费那么多精力、浪费那么多时间，折腾得自己筋疲力尽却一点儿用也没有，还不如冷静下来好好找对方法。

正如两个看书的人，一个用眼睛看，一个用心看。用心看的人看一遍就领会了书中主旨，而只用眼睛看的人看了无数遍也吸收不进去，同样花费了时间、精力，又有何意义呢?

因此，只知道埋头苦干是远远不够的。因为，如此一来，你就看不到前方到底是平坦大道还是崎岖山路，或者是万丈深渊。无论做什么事情，请大家千万记得不要光埋头拉车，还要学会抬头看路。

对此，俄国最伟大的小说家、心理学家和哲学家杜斯妥也夫斯基曾说过这样一句话：

“我只害怕一件事情，我怕我不值得自己所受的苦。”

若要配得上自己所吃的苦，唯有多做“有用功”。